海洋可再生能源工程规划丛书

海上风力发电技术

———— 主编 ————

曹 宇　王世明

———— 副主编 ————

田　卡　李淼淼

上海科学技术出版社

图书在版编目(CIP)数据

海上风力发电技术 / 曹宇,王世明主编. —上海：
上海科学技术出版社,2020.5(2024.3 重印)
(海洋可再生能源工程规划丛书)
ISBN 978 - 7 - 5478 - 4808 - 1

Ⅰ.①海… Ⅱ.①曹…②王… Ⅲ.①海洋发电-风
力发电 Ⅳ.①TM614

中国版本图书馆 CIP 数据核字(2020)第 043422 号

海上风力发电技术

主 编 曹 宇 王世明

副主编 田 卡 李淼淼

上海世纪出版(集团)有限公司
上 海 科 学 技 术 出 版 社 出版、发行
(上海市闵行区号景路159弄A座9F-10F)
邮政编码 201101 www.sstp.cn
上海当纳利印刷有限公司印刷

开本 787×1092 1/16 印张 9.5
字数：150 千字
2020 年 5 月第 1 版 2024 年 3 月第 5 次印刷
ISBN 978 - 7 - 5478 - 4808 - 1/TK·22
定价：48.00 元

内容提要

　　根据我国对海上风电领域研究的迫切需求，本书着重介绍了现有的海上风力发电机组的设计、安装、维护等技术的相关理论及工程应用。本书共分为 10 章，其中第 1 章根据调研资料阐述了海上风力发电技术的国内外发展现状、优势和前景；第 2 章介绍了海上风机系统的构成，并主要对风电机组、海上支撑结构、海床地基基础等装置进行了详细介绍；第 3 章从设计方面归纳了海上风机基础支撑结构常用的设计技术；第 4 章给出了海上风机叶轮发电系统的设计技术；第 5 章介绍了海上风机基础的防腐保护技术；第 6 章介绍了海上风电分布式微电网技术；第 7 章通过工程实例介绍了海上风电场的安装和维护技术；第 8 章介绍了海上风电场资源评估及选址技术；第 9 章通过分析台风易发地区风电机组遭遇台风的主要问题，论述了海上风电机组的防台风技术与控制措施；第 10 章基于多年来国内外院校和科研机构的研究成果，对海上风电技术的未来进行了展望。

　　本书主要面向船舶与海洋工程、机械自动化及海洋科学专业的学生和科研人员，以及从事可再生能源利用产业的专业人士和技术人员。

前　言

    风能是可再生能源重要的组成部分,积极开发利用风电对于改善能源系统结构、保护生态环境具有深远意义。由于海上风电市场规模极大且风险极高,对设备的设计、安装、维护等高难度技术的掌握程度代表了当今风电技术的开发水平。

    在过去的 10 年中,海上风力发电机组在安装和运营方面积累了很多经验,但仍然存在着需要解决的技术难题,以达到所需的海上安装能力。与陆基风能相比,海上风电的高成本一直是困扰运营商的问题,海上风电机组基础结构设计和电网并网连接仍然是制约产业化的技术瓶颈,海上风电规划和建设过程需要更多的时间和精力。另一个技术挑战是资源管理,即在前期制造或气候窗口期,如何高效合理安排需要安装的零部件到货及海上安装维护。目前,海上风力发电的投资成本大约在 2 500 美元/(MW·h),是陆上风力发电行业的两倍。在海上风力发电机运行期间,由于只能通过船只或直升机运输,所以维护费用比在陆地上要高,这种限制要求海上风力发电机的状态监测系统具有更高的可靠性。同时将现有的陆基风力发电机海洋化也会产生问题,如发动机舱内腐蚀加剧等问题。

    风力发电是世界上发展最快的绿色能源技术,在陆地风电场建设快速发展的同时,人们已经注意到陆地风能利用所受到的一些限制,如占地面积大、噪声污染等。由于海上丰富的风能资源和当今技术的可行性,海洋将成为一个迅速发展的风电市场,当前欧美海上风电场已处于大规模开发的前夕。我国东部沿海水深 50 m 以内的海域辽阔,而且距离电力负荷中心(沿海经济发达电力紧缺区)很近,随着海上风电场技术的发展成熟,风电必将会成为我国东部沿海地区可持续发展能源的重要来源。因此,利用风电来改变能源结构并改善环境,不失为能源开发领域中重要的策略之一。目前,我国风电技术的开发利用取得了巨大进步,风电开发和利用技术已位居世界前列。

　　本书由王世明教授、曹宇博士根据国内外院校和科研机构的成果进行归纳编写而成，田卡工程师、李淼淼研究生完成了资料收集及数据整理工作。同时感谢李泽宇、于涛、骆锐东、龚芳芳、刘安东、王家之、葛玲、冯凯亮、刘汇、方会凌、刘宇、丁成林、兰高丰、潘健等研究生为本书的编写工作提供的帮助。同时在出版过程中得到了上海科学技术出版社的大力支持，以及上海市工程技术研究中心建设计划"上海海洋可再生能源工程技术研究中心"（编号：19DZ2254800）的支持，值此表示由衷的感谢！

　　由于笔者水平有限、时间仓促，书中难免存在不足之处，恳请读者批评指正。

作　者

目　录

海上风力发电技术

1

绪　　论

本章主要介绍了海上风力发电概况、国内外风力发电技术的研究和应用现状,以及海上风力发电的优势和前景,同时分析了现在海上风力发电技术存在的问题。

1.1 海上风力发电概况

海上风电具有资源丰富、风能资源稳定、发电利用率高、不占用土地面积、对生态环境影响小、不消耗水资源和适宜大规模开发等优点,且靠近传统电力负荷中心,便于电网消纳,免去了长距离输电的问题。因此,海上风电的开发与利用越来越为全球所关注,如英国、德国、爱尔兰、丹麦、比利时、荷兰、瑞典等欧洲国家都纷纷加快了海上风电的开发力度。另一方面,相对于陆上风电,海上风电还面临浮冰、台风、盐雾等复杂的自然条件,对海上风电机组相关技术要求更高,海上风电场建设难度更大、成本更高、建设环境更复杂。例如,欧洲某知名风电机组生产厂商的 2 MW 海上风电机组在运行了一段时间后,发电机组因出现绝缘故障,而被迫维修更换。除了发电机组设计技术因素外,海上风电开发还要考虑电缆铺设、船舶航运、滩涂围垦及珍稀禽类保护等多方面的运行、维护因素。出于保护沿海浅滩区生态和避免影响旅游业的考虑,德国政府要求海上风电场至少距离海岸 30 km。阿尔法·文图斯海上风电场离海岸超过 40 km,由于建设地点离岸远、水深、风电机组尺寸大等因素,最终导致该项目耗资大大超过预算,达到2.5 亿欧元,每千瓦造价超过 3.5 万元人民币。海上风电场的发电成本与经济规模有关,包括海上风电机组单机容量和每个风电场风电机组台数,每个海上风电场最佳容量为 120~150 MW。其中,海上风电场投资分配比例一般为:风电机组 51%、基础 19%、海上电气系统 9%、风电机组和基础安装 9%、海上电气系统安装 6%、管理 4%、保险2%。相对而言,陆上风电场投资分配比例分别为:风电机组 70%、其他 30%。海上风电场如图 1-1 所示。

由于海上风电开发与利用具有广阔的发展前景,全球风电机组制造企业也纷纷加大了海上大型风电机组的研发和产业化力度。截至 2019 年年底,能够在海上风电场批量应用的风电机组主要有:法国 Areva-Multibrid 公司的 5 MW 半直驱风电机组、

图 1-1 海上风电场

德国 Repower 公司的 5 MW 风电机组、丹麦 Vestas 公司的 2 MW 和 3 MW 双馈异步风电机组、德国 Siemens 公司的 2.3 MW 和 3.6 MW 风电机组、德国 Bard 公司的 5 MW 风电机组、芬兰 Winwind 公司的 3 MW 半直驱风电机组等。GE 公司计划研发的新一代 10～15 MW 级大容量风电机组,采用 GE 磁共振成像系统超导体磁体技术,淘汰了变速箱,由于超导线圈能够产生强磁场,超导发电机的转矩密度是常规发电机的两倍,该技术降低了制造中对稀土的依赖,减少了发电机中铁的使用量,减轻了发电机的重量。

海上风电场的开发主要集中在欧美地区,其发展大致可分为五个不同阶段:①1977—1988 年,欧洲对国家级海上风电场的资源和技术进行研究;②1990—1998 年,进行欧洲级海上风电场研究,并开始实施第一批示范计划;③1991—1998 年,开发中型海上风电场;④1999—2005 年,开发大型海上风电场和研制大型风力机;⑤2005 年以后,开发大型风力机海上风电场。

1.2 海上风力发电技术国内外现状

1.2.1 国外发展现状

数千年前就出现了利用风能带动风帆航行的船舶,随着风力机的出现,人们开始利用风能来碾米和提水。虽然人类利用风能在历史上很早就出现,但是风力发电技术发展却只有不到 200 年的历史。19 世纪 80 年代末期,第一台风力发电机由美国研制成功,但功率仅有 12 kW。1939—1945 年期间,丹麦首次投入使用少叶片风力发电机。20 世纪 50 年代初期,丹麦制造出第一台交流风力发电机。1930—1960 年,丹麦、美国等欧美国家开始研发更大功率的风力发电机。20 世纪 80 年代,630 kW 的风力发电机研制成功,设计制造相关研究已突破风力发电技术瓶颈,大幅降低了风力发电成本。

1990 年开始,新一代风力发电机的设计理念已形成。1990 年,世界上第一台海上风电机组(Wind World 25)设计研发成功,并安装试运营于瑞典 Noger-sund 海上风电场,容量为 220 kW。1991 年,Vindeby 海上风电场建于丹麦波罗的海洛兰岛西北沿海,安装了 11 台风电组合机组(Bonus 机组),总装机容量为 5 MW。随后,荷兰、丹麦和瑞典等国家陆续建成了一批海上风电场示范工程项目,装机规模为 2～10 MW,风电机组的单机容量为 500～600 kW,这些早期的风电场多建于浅水海域或带有保护设施的水域。

自 2000 年起,兆瓦级风电机组发电技术研制成功,开始用于海上风电项目。例如,瑞典 Utgrunden 风电场开始尝试安装单机容量为 1.5 MW 的海上风电机组;英国 Iyth 风电场通过技术攻关,成功在海上安装了 2 台单机容量为 2 MW 的海上风电机组。

2001 年,全球第一个具有商业化应用价值的 Middelgrunden 海上风电场在丹麦哥本哈根附近的海域建成,总设计装机容量为 40 MW,共安装了 20 台单机容量为 2 MW 的风电机组,年发电量达到 1.04 亿 kW·h。

2002 年，世界上第一个大型海上风电场 Horns Rev 在丹麦北海海域建成，总装机容量为 160 MW，共安装了 80 台单机容量为 2 MW 的海上风电机组，占用海域面积约为 20 km²，年发电量为 6 亿 kW·h。随后，丹麦的 Frederikshaven、Ronland 和 Samso 等大中型海上风电场相继建成。

2003 年，Nysted 海上风电场在丹麦建成，总装机容量为 165.6 MW，共安装了 72 台单机容量为 2.3 MW 的海上风电机组。

2007 年，苏格兰东海岸的 Beatrice 海上示范风电场成功地安装了单机容量为 5 MW 的海上风电机组，装机规模为 10 MW。

2008 年，海上风力发电的总装机容量为 1 485.2 MW，丹麦、英国、瑞典、德国、爱尔兰、荷兰、中国、日本和比利时等 9 个国家发展较快，其中英国累计装机容量达到 598.4 MW，超过丹麦的 415.7 MW，成为海上风电装机容量最大的国家。

2009 年，欧洲建成 38 个海上风电场，总共安装了 828 套风电机组，海上风电总装机容量为 2 056 MW，占全球海上风电装机总量的 95% 以上。欧洲是海上风电发展最快的地区，根据欧洲风能协会的最新统计，2009 年欧洲水域的 8 个海上风电场总计安装了 205 台海上风电机组，其中，Siemens 机组（2.3 MW 和 3.6 MW 两种机型）146 台、Vestas 机组（3 MW）37 台、Winwind 机组（3 MW）10 台、Malibrid 机组（5MW）6 台、Repower 机组（5 MW）6 台。另外，欧盟 15 个成员国和其他欧洲国家有超过 100 GW 的海上风电项目正在规划中。英国是最早进行海上风电开发的国家之一，目前已建成 12 个海上风电场，累计装机 280 余台，装机容量接近 900 MW，依然是全球海上风电装机容量最大的国家，其在海上风电场设计、基础施工、机组运输、安装、海底电缆铺设等方面积累了较为成熟的经验。

2010 年，美国 Deepwater Wind 公司在美国海岸建造了当时全球最大的海上风电场，200 台 5 MW 风电机组安装在深海，风力机叶片仅高出平面 150 m。截至 2010 年年底，全球已建成 43 个海上风电场，安装了 1 339 台风电机组，总装机容量达到 3 554 MW。全球海上风电主要分布在欧洲的英国、丹麦、比利时和德国，其中英国 2010 年海上新增装机容量为 925 MW，依然是海上风电的全球领跑者；德国近两年采用 5 MW 和 6 MW 大型风电机组建设海上风电场，成为海上风电的后起之秀。

截至 2011 年，全球累计装机容量达到 4 954 MW，新增装机容量超过 1 400 MW，建有 80 个海上风电场。其中，欧洲新增并网海上风电机组 235 台，新增容量约为 866 MW（英国新增装机容量为 752.45 MW，占比 87%；其次为德国，新增装机容量为 108.3 MW；丹麦新增为 3.6 MW；葡萄牙新增为 2 MW）。德国海上风电发展在全球居领先地位，德国可以生产 5 MW 以上风电机组的厂家有 4 家，即 Repower、Mulibnid、Bard 和 Enercon。海上风电机组研发示范基地位于德国北海沿线最大的港口城市不来梅，当时不来梅港已安装 12 台不同类型的 5 MW 海上风电机组用于对比研究。为鼓励海上风电发展，德国制定了较优惠的风电上网电价［15 欧分/（kW·h）］，该试验风电场已并网发电。最大的试验风电机组单机功率可以达到 7.5 MW，采用复合材料加铝合金的两节叶片结构，叶片长约 60 m。德国首个海上风电场（阿尔法·文图斯海上风电场）由德国政府和德国能源供应商联合投资，1999 年项目获批准，2006 年开工建设，并于 2010 年并网发电。该海上风电场建在离海岸超过 40 km 的北海海域,12 台 5 MW 机组,总装机容量为 60 MW,风电机组高度分别为 148 m、 150 m 两类,每个叶片长 56 m、重 16.5 t,基础都打在超过 30 m 深的海水中。到 2030 年,德国海上风电装机容量将达到 25 GW。

1.2.2　我国发展现状

我国海岸线长 1.8 万多 km,岛屿 6 000 多个。近海风能资源主要集中在东南沿海及其附近岛屿,风能密度大多数在 300 W/m² 以上,台山、平潭、大陈、嵊泗等沿海岛屿可达 500 W/m² 以上,其中台山岛风能密度为 534 W/m²,是我国平地上有记录的风能资源最大的地方。根据风能资源普查成果,我国 5～25 m 水深、50 m 高度的海上风电开发潜力约为 2 亿 kW,5～50 m 水深、70 m 高度的海上风电开发潜力约为 5 亿 kW。

20 世纪 90 年代以来,大型风力机开始在我国推广应用,取得了可喜的成就。截至 2000 年年底,全国建成陆地风电场 27 个,分布在 10 余个省区,安装机组 800 余台,最大容量为 1 300 kW,总装机容量为 400 MW,1996—2001 年风电装机容量的平均年增长率为 16%,我国已跻身风力发电行业快速发展的国家行列。2016 年中国风电新增装机量为 2 337 万 kW,累计装机量达到 1.69 亿 kW,其中海上风电新增装机容量为 59 万 kW,累计装机容量为 163 万 kW,由于海上大型风电机组的技术限制,我国海上风电装机量与西方国家仍有差距。

目前发达欧美国家大功率风力发电机制造水平远远领先我国。1980—1990 年,我国尝试研制变桨距调节风力发电机,由于当时我国机械控制水平较低,研发的机组可靠性差,没有形成产业化,此技术并未发展起来。自 2010 年以来,通过引进发达国家先进的海上风力发电技术,我国已可以生产较高功率的海上风力发电机,并实现了产业化,2 000 kW 及更高功率的大型风电机组正在研发中。

截至 2018 年,我国海上风电开发已经进入了规模化、商业化发展阶段。根据各省海上风电规划,全国海上风电规划总量超过 8 000 万 kW,重点分布在江苏、浙江、福建、广东等省市,行业开发前景广阔。我国海上风电场的建设主要集中在浅海海域,且呈现由近海到远海、由浅水到深水、由小规模示范到大规模集中开发的特点。为获取更多的海上风能资源,海上风电项目将逐渐向深海、远海方向发展。随着场址离岸越来越远,在海上风电机组基础和送出工程成本等也逐步增大,另外对运维服务要求也更高,运维成本也会随之增大,故深海、远海的海上风电项目在经济性上仍存在较大风险,需要柔性直流输电技术、漂浮式基础、海上移动运维基地的快速发展,为我国远海风电的开发提供必要支撑。

1.3　海上风电的发展优势及前景

海上风电是未来清洁能源发展的新方向,由于陆地上经济可开发的风资源越来越少,全球风电场建设已出现从陆地向近海发展的趋势。与陆地风电相比,海上风能资源的能量效益比陆地风电场高 20%～40%,还具有不占地、风速高、沙尘少、电量大、运行稳定及粉尘零排放等优势,同时能够减少机组的磨损,延长风力发电机组的使用寿命,适合大规模开发。例如,浙江沿海设计安装的 1.5 MW 风机,每年陆上可发电 1 800～2 000 h,海上则可以达到 2 000～2 300 h,海上风电一年能多发电 45 万 kW·h。另外,海上风电还能减少电力运输成本,由于海上风能资源最丰富的东南沿海地区,毗邻用电需求大的经济发达地区,可以实现就近消化,降低输送成本,所以发展潜力巨大。

风能是重要的可再生能源,取之不尽,用之不竭。风力发电是技术成熟的可再生能源发电技术,加快风能资源开发利用是促进可再生能源发展的重要措施。以上海、江苏、浙江等东部沿海经济发达地区为例,常规能源资源匮乏,一次能源主要依赖外省输入或进口,但海上风能资源丰富,具有面积较大的湖间带、潮下带滩涂及近海、深海风电场场址,开发建设该地区海上风电并有效利用风能资源,是缓解能源、环境压力,促进地方经济社会可持续发展的有效措施。我国在华南地区已实现海上风电并网,如图 1-2 所示。

图 1-2　海上风电并网

近年来,海上风电发展缓慢,一定程度上也影响了整机制造厂家的积极性。目前,我国大部分整机制造厂家研发的海上机组都没有长时间、大批量的运行经验,基本处于机组设计研发、样机试运行阶段。从陆上风电的发展历程可以看出,在巨大市场需求的带动下,海上机组也将逐步实现国产化。由于海上施工条件恶劣,单台机组的基础施工和吊装费用远远大于陆上机组的施工费用,大容量机组虽然在单机基础施工及吊装上的投资较高,但由于数量少,在降低风电场总投资上具有一定优势,因此各整机制造厂家均致力于海上大容量机组的研发。

海上风电场的运维内容主要包括风电机组、塔筒及基础、升压站、海缆等设备的预防性维护、故障维护和定检维护,是海上风电发展十分重要的产业链。近年来,欧洲基本垄断全球风电运维服务市场。相较于欧洲,国内海上风电起步晚,缺乏专业的配套装备,运维效率低、安全风险大。未来随着海上风电装机容量的增加,势必带动相关产业的快速发展。巨大的市场需求将带动海上风电机组的迅猛发展,随着大量海上风电机组的批量生产、吊装、并网运行,机组和配套零部件等的价格会呈现明显下降趋势。另外,海上升压站、高压海缆等随着产业化程度的提高,价格进一步下降的趋势明显。随着施工技术成熟、建设规模扩大化、施工船机专业化,海上风电的施工成本也将大幅降低。截至 2018 年,我国海上风电开发成本因离岸距离、水深、地质条件等不同,差异较大,单位千瓦投资一般在 15 000~19 000 元,预计 2020 年海上风电场开发建设成本可小幅下降。

由于我国海上风电建设尚处于起步阶段,缺乏专业的施工队伍,施工能力较弱,大多是基于现有的运输船只、打桩设备、吊装设备等,以至于在设计过程中优化空间较小。海上风电项目的开工建设,将大大提高我国海上风电的施工能力,并逐渐形成一些专业的施工队伍。施工能力的提高反过来又为设计优化提供了更大的空间。根据海上风电市场的需要,未来将出现一大批以运行、维护为主的专业团队,为投资企业提供全面、专业的服务。此外,海上风电装备标准、产品检测和认证体系等也将逐步建立完善。毫无疑问,在海上风电项目的逐步发展过程中,海上风电设计、施工等将累积丰富的经验,相关配套产业的发展也将日趋完善。

1.4 海上风力发电技术面临的挑战

我国已在东部沿海开展了潮间带风电项目试点,并启动中深海域的风电场开发,其战略是切实可行的。但中国发展海上风电同时面临着严峻的技术挑战。

(1) 明确风能资源分布特点。准确了解风能特性对建设一个高效的风电场至关重要。比如,同样一台风力发电机组,安装在年均风速 9 m/s 的风场比安装在 6.5 m/s 的风场发电量会高出一倍。假如测风工作做得不够全面,就会导致发电量估算不可靠,给投资带来风险。目前,大部分沿海省份的测风工作非常有限,而实际上,和风电场投资规模相比,测风的投入微不足道。据估算,一台 2 MW 的风机费用可用来建 50 多座测风塔。

(2) 做好项目规划,采用成熟风机设计技术。由于海洋环境远比陆地复杂,解决海上风电的任何小问题都要付出很大代价。目前中国国产风机的性能尚不尽如人意,而进口风机采用的设计标准多是按北欧的风场条件制定的,完全依赖进口既不现实,也不可持续。国内大型风机厂商需要对核心技术展开研发,实现跨越式突破。对于开发 4 MW 以上的大型海上风电机组,政府正在出台优惠扶持政策。

(3) 完善海上风电配套法规。目前,海上风电开发对中国仍是一个新生事物,很多海上油气开采和海运方面的法规仍被用于海上风电开发活动的审批,这将造成时间的拖延,并加大项目的成本。

(4) 加强专业人才队伍建设。中国要实现海上风电的大规模发展,需要大批施工建设人才和运营维护专业人员。这是一项艰巨的任务,即使是发达国家也存在同样的困难。

(5) 电网并网接入问题。实际上,对于任何风电项目来说,由于发电时的不稳定性和不可预测性,并网都是一个大问题,海上风电也不例外。目前,中国第一个海上风电示范项目——上海东海大桥 10 万 kW 海上风电场的 34 台机组已全部并网发电。

2

海上风机系统

本章介绍了海上风机系统的结构组成形式,主要对风电机组、海上支撑结构、海床地基基础等装置进行了详细介绍。

2.1 海上风机系统的构成

海上风机系统由风电机组、海上支撑结构、海床地基基础三部分组成,如图2-1所示。风电机组由风机、控制器、控制和保护系统、电力电子系统构成;支撑结构包括塔筒和下部结构,下部结构分为固定式和漂浮式两种形式。

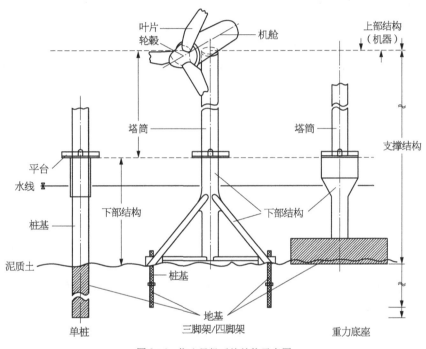

图2-1 海上风机系统结构示意图

2.2 风机

2.2.1 叶片

水平轴风力发电机通常采用三桨叶设计技术。风吹动叶片带动风机转动发电,叶片直径决定了风电机组的功率,不同额定功率风电机组的叶片大小相异。叶片是风力发电机中最基础和最关键的部件,其良好的设计、可靠的加工质量和优越的获能性能是保证机组正常运行的决定因素。主流的海上风机发电容量为3~5 MW,风机叶片长度为45~60 m。随着风机技术的快速进步,不断有更大功率(6~8 MW)的风机设计研发成功,其风机叶片长度也更长,风轮直径与风机功率的关系见表2-1。

表 2-1　风轮直径与风机功率

风轮直径/m	75	88	107	126	160
风机功率/MW	2	3	3.6	5	8

为有效利用海上风能,风机叶片要长期在恶劣的环境中不停地旋转做功,恶劣的环境和长期不停地运转,对叶片的关键技术要求主要有:①比重轻,且具有最佳的疲劳强度和机械性能;②能经受暴风等极端恶劣天气和随机负荷的考验;③叶片的弹性、旋转时的惯性及其振动频率特性曲线都正常;④传递给整个发电系统的负荷稳定性好;⑤耐腐蚀、紫外线照射和雷击的性能好;⑥发电成本较低,维护费用较低;⑦叶片需达到 50 年的使用寿命。

叶片通常是由复合材料制成的流线型高强度薄壳结构。目前,玻璃钢叶片使用得较广泛,但随着功率上升与叶片直径的不断增加,采用更高强度的碳纤维合成材料制造叶片将成为发展趋势。碳纤维合成材料具有出众的抗疲劳特性,当与树脂材料混合时,则成为风力机适应恶劣气候条件的最佳材料之一,碳纤维复合材料叶片刚度是玻璃钢复合叶片的 2～3 倍,但碳纤维价格昂贵是玻璃纤维的 10 倍,影响了它在风力发电上的大范围应用。

2.2.2　风机舱

风机舱是海上风机的核心部件,是将风能转化为电能的装置。风机舱内安装风电机组的动力传动系统,连接轴承装置、发电机组及各种辅助设备,为一个封闭壳体结构,如图 2-2 所示。其内部结构有低速轴、齿轮箱、高速闸、高速轴、发电机、油水冷却装置和维修设备等辅助设备。在风机舱前端有螺栓,与安装叶片的毂帽转子连接风机舱上还设有风速和风向仪器,用来实时测量安装处的风力和风向,从而使控制叶片始终正对来风和调节。

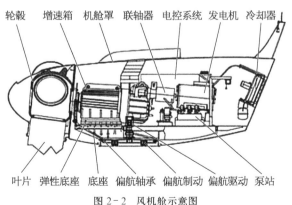

轮毂　增速箱　机舱罩　联轴器　电控系统　发电机　冷却器

叶片　弹性底座　底座　偏航轴承　偏航制动　偏航驱动　泵站

图 2-2　风机舱示意图

1) 动力传动系统

动力传动系统是转子和发电机之间的旋转连接。目前,动力传动系统设计技术有三大理念:中速、高速和直接驱动。

早期的风力涡轮机主要采用三级变速箱的动力传动技术,可加速转子的慢速旋转运动,这种变速箱可以使用高速发电机。标准的高速发电机在 50 Hz 的电网中以 1 500 r/min 或在 60 Hz 的电网中以 1 800 r/min 的额定转速工作。尽管这种类型的动力传动系统具有技术优势,但风力发电行业早期将齿轮箱和高速发电机相结合的主要原因是可以使用现有的工业部件,达到产业化。

由于多个齿轮箱容易出现故障及风力发电机齿轮箱设计的复杂性,德国风力发电机制造商 Enercon 开始设计直接驱动、缓慢转动的多极发电机。虽然直驱式发动机舱通常比传统的动力传动系统重,但相比之下它们更具有出色的可靠性及稳定性。随着海上风电产业的新兴,国内外的设计公司均采用由两级变速箱和一台中速发电机组成的中速传动系统,以发挥直驱和高速传动系统的优点。这种设计技术可以在不使用变速箱的第三(高速)挡位的情况下提供相对较轻的动力传动系统。这种设计技术可靠性较高,因为第三挡位是普通齿轮箱中的主要故障位置之一。

对于当前海上风力发电机组的设计技术,三种类型的动力传动系统都在使用。多年来,直接驱动被认为是未来的主导技术;然而,对风力发电机齿轮箱和新型中速传动系统的进一步了解让竞争再次开启。关于不同风力发电机动力传动系统概念的总体效率的明确阐述尚不明确,特定场地给定风量分布的年收益率比任意运营点的更能成为基准值。

2) 连接轴承装置

由于海上作业的特殊性,风力发电机连接轴承装置面临随机变化的负载作用。在高速动力传动系统内,额定转速在转子侧 10 r/min 和发电机侧 1 800 r/min 之间变化。尤其是在包含整个速度范围的变速箱中,润滑油使用技术始终是大型低速轴承和小型高速轴承接触需求间的关键问题。

调向轴承大部分时间都处于停滞状态,但却承受着巨大的弯矩载荷。当它们转动时,转速很低,运动距离很短,而且有时是振动的。这种负载组合阻碍了分离轴承不同部分润滑膜的形成,因此轴承的主要损害方式是磨损,而不是疲劳。这种应用的轴承设计技术尤其具有挑战性,目前还没有完全可靠的产品测试和计算轴承寿命的准确理论方法。

3) 发电机组

海水风力发电机通常使用三种不同类型的主发电机:感应发电机(IG)、双馈发电机(DFIG),以及电动或永磁励磁同步发电机(EESG 或 PMSG)。从理论的角度来看,这些类型的发电机可以与上面提到的三种主要动力传动系统结合使用。在实际应用中,感应发电机的重量比其他类型的更大,因此不适用于中速和直驱动力传动系统。

将永磁材料用于励磁同步发电机,在效率、比容和重量方面具有很大的优势,然而还没有直驱风力发电机组的应用能够产业化,另外稀土材料价格的波动也会对成本产生负面影响。例如,2011 年,1 kg 生钕的价格从 36 欧元开始,至 7 月达到顶级水平 195 欧元,并在年底回落到 110 欧元。在同一时间段内,1 kg 生镝的价格在 243~975 欧元,最高峰值为 1 700 欧元。目前,直驱式发电机设计每兆瓦额定发电机功率需要 600~800 kg 永磁材料,其中 30% 是稀土材料,如钕或镝。

另外,基于 Enercon 涡轮机技术的 EESG 变体可靠性较高。但与 PMSG 变体相比,其缺点是具有更大的重量和需要更大的安装空间。基于 Siemens 等制造商的研究成果,通过现代直驱式涡轮机开发技术在其特定的机舱重量方面能够实现基准齿轮涡轮机(Vestas V90-3.0)的更新应用。

发电机组按其发电机的结构和工作原理可分为异步和同步发电机组,异步风机按其转子绕组结构可分为笼型异步风机和绕线式双馈异步风机,同步风机按其转子励磁方式可分为永磁同步风机和电励磁同步风机。笼型异步风机结构简单、造价低,多应用于早期风电场的小、中型恒速恒频风电机组。而变速恒频风电机组可提高风能转换效率,降低风机机械应力,目前在风电市场上占据主导地位。双馈异步风电机组、永磁和电励磁同步风电机组、笼型异步风电机组均可采用变速恒频控制技术。

图 2-3 为双馈异步风力发电系统示意图。风轮机需通过增速齿轮箱连接至转速较高的双馈异步发电机转子,转子的励磁绕组通过转子侧和网侧变换器连接至电网,定子绕组直接并网。双馈发电机系统通过励磁变换器控制转子电流的频率、相位和幅值间接调节定子侧的输出功率,具有调速范围较宽、有功和无功功率可独立调节、转子励磁变换器的容量较小(约 30% 发电机额定容量)等优点,在陆上和海上风电场中都有广泛应用。

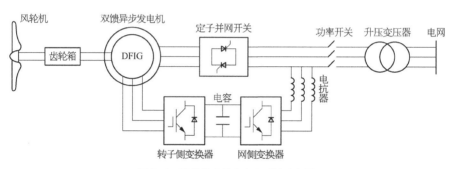

图 2-3 双馈异步风力发电系统示意图

表 2-2 汇总了国内外应用于海上风电场的双馈异步风电机组。早期,GE 和 Vestas 在美国和欧洲的海上风电场均采用双馈异步风电机组的技术路线,单机容量小于 4 MW。Senvion 公司的前身是德国的 Repower 公司,其研制的 5 MW、6 MW 双馈异步风电机组已有 140 余台安装运行于欧洲各国海上风电场;Bard 公司的 5 MW 双馈异步风电机组由德国 Areodyn 公司设计,应用于德国海上风电场;英国 2-B Energy 公司的 6 MW 双叶片结构双馈异步风电机组安装运行于英国梅西尔海域。这些都是国外商业运行大容量双馈风电机组的典型案例。

表 2-2 国内外双馈风机应用情况汇总

风机品牌	容量/MW	风轮直径/m	安装国家
GE-Energy	3.6	104	美国
Vestas	3	90	英国、瑞典
Senvion	5	126	德国、爱尔兰、比利时
Bard	5	122	德国

风机品牌	容量/MW	风轮直径/m	安装国家
2 - B Energy	6	140.6	英国
上海电气	3.6	116/122	中国
华锐风电	6	126/155	中国
联合动力	6	136	中国

在国内,上海电气 3.6 MW 和华锐风电 6 MW 双馈异步风电机组安装于上海临港海上风电试验场试运行,国电联合动力的 6 MW 双馈异步风电机组仅安装于潍坊滨海潮间带试运行。国内风机厂家研发的双馈异步风电机组技术仍旧不够成熟,尚未广泛应用于海上风电场的商业运行。

永磁同步风电机组按照风轮机和永磁发电机的传动方式,可分为永磁直驱风电机组和永磁半直驱风电机组。

图 2-4 为永磁直驱风力发电系统示意图。风轮机与永磁同步发电机直接相连,发电机的定子绕组通过定子侧和网侧变换器连接至电网。永磁直驱式风电机组与双馈风电机组相比,转子为永磁体励磁,无需外部提供励磁电源,消除励磁损耗。风轮与发电机转子之间省去了增速齿轮箱,转子转速低,发电机的极对数很多,通常在 90 极以上,因而发电机体积较大。永磁直驱式风电机组定子绕组需采用全功率变换器并网,变换器容量与发电机额定容量相当。永磁直驱风机系统具有效率较高、噪声低、低电压穿越能力较强等优点,已广泛应用于陆上和海上风电场。

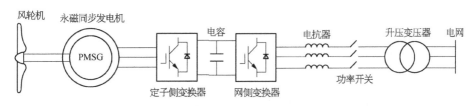

图 2-4 永磁直驱风力发电系统示意图

表 2-3 汇总了国内外用于海上风电场的永磁直驱风电机组。GE-Alston、Siemens-Gamesa 等外国公司研发大容量海上风电机组时,均采用了永磁直驱风电机组的技术路线。GE 公司的 6 MW 和 Siemens 公司的 6 MW、7 MW 永磁直驱风电机组已应用于世界各国海域。Siemens 公司的海上机组通过与上海电气合作引入中国海上风电市场。GE 公司研发的 Haliade-X 12 MW 的永磁直驱海上发电机组,是目前单机容量最大的机组,公司正在英国对该机型进行测试。

国内风电机组厂家研发的永磁直驱风电机组技术相对成熟,已有在海上风电场商业运行的经验和成果。譬如,湘电风能收购荷兰 Darwind 公司后,其研发生产的 5 MW 永磁直驱风电机组成功安装并稳定运行于福建省投资开发集团的莆田平海湾海上风电场。金风科技的 2.5 MW、3.X MW 永磁直驱海上风电机组在江苏如东和响水海上风电场稳定运行,6.7 MW 海上风电机组已在福建兴化湾试验运行。

表2-3　国内外永磁直驱风机应用情况汇总

风机品牌	容量/MW	风轮直径/m	安装国家
GE-Alston	6	150	美国、比利时、中国
Siemens-Gamesa	6/7	154	美国、俄罗斯、中国
湘电风能	5	115/128	中国
金风科技	6.7	154	中国

图2-5为永磁半直驱风力发电系统示意图。风轮机通过低变速比(一般$k<40$)齿轮箱与永磁同步发电机转子连接,发电机的定子绕组仍通过全功率变换器连接至电网。永磁半直驱式风电机组风轮经增速齿轮箱连接至发电机转子,转子转速比永磁直驱式风电机组的高。因此,可以减少永磁电机转子磁极数,有利于减小发电机的体积和质量,降低风机的吊装难度,同时保留了永磁直驱风电机组容量大、低电压穿越能力较强等优点。国内外诸多风机厂家大容量海上风电机组均采用永磁半直驱的技术路线,已有较多成功商业运行的案例。

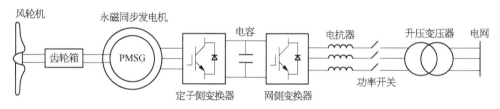

图2-5　永磁半直驱风力发电系统示意图

表2-4汇总了国内外用于海上风电场的永磁半直驱风电机组。Vestas陆上和早期海上风电机组多采用双馈机组,2014年前后MHI-Vestas海上风电机组采用永磁半直驱的技术路线,在丹麦研发测试了8 MW大容量永磁半直驱海上风电机组,随后应用于英国、丹麦、美国等国海域,其研发的更大容量(9.5 MW、10 MW)海上风电机组正在测试。MHI-Vestas海上风电机组尚未进入中国市场。Siemens-Gamesa于2016年收购了Adwen公司,其5 MW永磁半直驱风电机组的前身是法国、德国合资的Areva-Multibrid公司的5 MW机组,已有多台机组安装在德国北海和波罗的海海上风电场运行。

表2-4　国内外永磁半直驱风机应用情况汇总

风机品牌	容量/MW	风轮直径/m	安装国家
MHI-Vestas	8	164	英国、丹麦、中国
Adwen	5	116/128	德国
东方电气	5/5.5	140	中国
海装风电	5	127/151	中国
明阳智能	6.5/7.25	140/158	中国

国内有较多风机厂家将永磁半直驱风电机组作为海上风电机组的选型,部分机型已有海上风电场商业运行的经验和成果。东方电气和海装风电的 5 MW 永磁半直驱海上风电机组分别安装运行于福建兴化湾海上风电场和江苏如东海上风电场,明阳智能生产制造的 6.5 MW 和 7.25 MW 永磁半直驱海上风电机组分别在江苏如东和广东揭阳投入商业试运行。

图 2-6 为电励磁直驱风力发电系统示意图。与永磁直驱风力发电系统结构类似,风轮与发电机转子直接连接,转子转速低,发电机转子的极对数很多,通常在 90 极以上,发电机体积较大。电励磁直驱发电机的转子采用电励磁绕组励磁,而非永磁体励磁,不存在永磁体高温、高腐蚀环境下退磁的风险,发电机定子绕组采用全功率变换器并网,变换器容量与发电机额定容量相当。电励磁直驱风机系统具有噪声低、低电压穿越能力较强等优点。

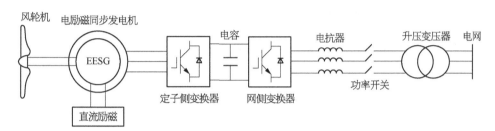

图 2-6 电励磁直驱风力发电系统示意图

德国 Enercon 公司生产的 7 MW 电励磁直驱式风电机组风轮直径为 126 m,尽管该机组容量较大,但截至目前该机型仅安装于德国陆上风电场,未在海上风电场安装。

图 2-7 为笼型异步风力发电系统示意图。与双馈异步风力发电系统结构类似,主要区别在于发电机转子为封闭式笼型结构,不存在电刷和滑环等结构,发电机定子绕组需采用全功率变换器并网,增加了成本。笼型异步发电机没有专门的励磁结构,需通过定子侧变换器为其提供励磁,吸收电网无功功率,实现变速恒频控制策略。笼型异步风力发电系统具有可靠性较高、调速范围宽等优点。

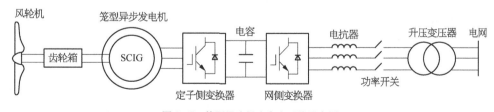

图 2-7 笼型异步风力发电系统示意图

Vestas 生产的 3.6 MW 笼型异步风电机组风轮直径为 126 m,仅应用于陆上风电场,如中闽能源股份有限公司的平潭青峰二期项目。Siemens 公司早期生产的 3.6 MW 笼型异步风电机组风轮直径为 120 m,已大批量应用在英国、德国等国的海上风电场,目前未见更大容量的笼型异步风电机组应用于海上风电场。

国内风电机组厂家远景能源研制的 4 MW 笼型异步风电机组,已在江苏如东潮间带试验风电场并网运行。

2.3 海上支撑结构

2.3.1 塔筒

塔筒安装在风机基础上,以支撑风机舱,并使叶片处于风力最佳的高度。塔筒通常为钢制空心管状结构,根据高度情况,一般分 2～3 段,每段之间在内部法兰上用螺栓连接,其直径和高度与风机功率有关。3 MW 以上的风机,塔筒高度超过 80 m。塔筒内部主要用作电缆通道,有电梯、电器控制开关等设备,可以使工作人员在塔架内进行作业更加方便。

2.3.2 下部支撑结构

海上风机的下部支撑结构按其结构形式可以分为以下类型:单桩式、重力式、多桩式、负压筒、导管架式和漂浮式。表 2-5 为海上风电基础类型及其特点。

表 2-5　海上风电基础类型及其特点

基础类型	适用水深/m	特　　点
单桩式	<30	桩直径达 4～6 m,效率高,施工安装装备要求较高
重力式	<10	结构简单,承载力小,受海流冲刷影响大
多桩式	20～80	适用水深和地质条件较广泛,多桩,经济性受影响
负压筒	<25	对地貌适应性差,应用不成熟,尚处于试验阶段
导管架式	>20	建造和施工方便,所受波、流载荷小
漂浮式	>50	锚索固定,稳定性受影响,可在较深海域适用

与传统陆上风机支撑结构相比,海上风机支撑结构较为复杂,尺寸更大,所处环境更为恶劣。单桩式结构比较简单,是常用的支撑结构形式,可以细分为普通的单桩腿型和 Jacket-单桩腿混合型,如图 2-8 所示。

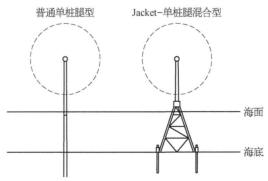

图 2-8　普通的单桩腿型和 Jacket-单桩腿混合型

（1）普通单桩腿型。普通单桩腿型是支撑结构形式中最简单的一种,塔架直接由基础桩腿支撑或通过过渡段把两者连接起来,塔架、桩腿及过渡段都是圆柱形的钢铁管件。桩腿一直插到海底以下,插入的距离可根据实际的环境载荷及海底地质条件确定。除了结构简单外,普通单桩腿型的优点在于可用在上层泥土流动的海底及受淘空影响的海况;缺点是在水深较深时,这种结构的柔性很大,支撑结构上端过大的偏移量及振动是其发展的限制条件。普通单桩腿型适用于 0～25 m 的水深范围。

（2）Jacket-单桩腿混合型。Jacket-单桩腿混合型底部是一个三脚钢架结构,钢架结构上端与桩连接,整个结构中的构件均是圆柱形的钢铁管件。Jacket-单桩腿混合型基底的宽度和三脚架结构桩腿插入海底的深度根据实际的海底地质条件来确定。这种结构形式的适用水深范围是 0～50 m。

重力式结构形式的特点是其装有重力式基底。不同于基础桩,重力式基底能提供足够的固定载荷,使得整个结构因其自身重量而在环境载荷中保持稳定。在海洋环境载荷比较适中,风电机组的固定载荷较大,或者能比较简易、低成本地安装附加压载的情况下,重力式结构形式与其他形式相比具有明显的优越性。重力式支撑结构的下端是巨大的沉箱,里面可以装入沙子、水泥、岩石或铁矿充当压载物。这种结构的底部装有裙边,这可以增加支撑结构的抗滑性能,其基底的宽度要根据实际的地质条件来调整。若采用重力式结构形式,设计时要确定作为过渡段的钢质或水泥圆柱体的尺寸,以及过渡段与基底的连接方式,如图 2-9 所示。重力式结构形式要求海底地面平整,土质硬度大,适用于水深 0～25 m,受淘空影响较小的海况,或者需要对地基进行处理。

导管架结构形式通常有 3 个或 4 个桩腿,桩腿之间用撑杆相互连接,形成一个有足够强度和稳定性的空间钢架结构。桩腿在海底处安装有轴套,地桩通过轴套插到海底一定的深度,从而使整个结构获得足够的稳定性。导管架结构形式适用的水深范围为 20～40 m,如图 2-10 所示。

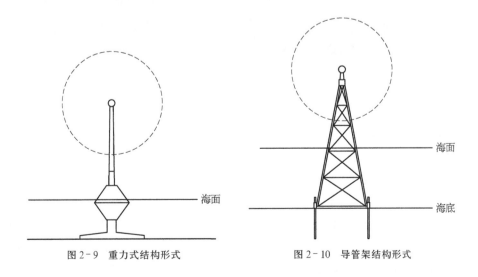

图 2-9　重力式结构形式　　　　　　　图 2-10　导管架结构形式

前面介绍的支撑结构主要适用于近海，浮式结构是用于深海的风电机支撑形式。深海区域的风力资源比起近海区域来更为丰富，据统计，在水深 60～900 m 范围的海上风力资源累计可达到 1 533 GW，而近海 0～30 m 的水域只有 430 GW。

浮式基础按照基础上安装的风机的数量分为联合式和单风机式，联合式是指在一个浮式基础上安装有多个风机，但联合式基础考虑到稳性不容易满足和所耗费的成本过高一般不予考虑。另一种就是单风机浮式基础，这种基础主要参考现有海洋石油开采平台而提出的。

浮式基础按系泊系统可分为单柱（SPAR）式、张力腿（TLP）式和浮箱式。

SPAR 式基础通过压载舱使得整个系统的重心压低至浮心之下来保证整个风机在水中的稳定，另外再通过三根悬链线来保持整个风机的位置。TLP 式基础通过系泊线的张力来固定和保持整个风机的稳定。浮箱式基础依靠自身的重力和浮力的平衡及悬链线来保证整个风机的稳定和位置，如图 2-11 所示。

单柱式基础　张力腿式基础　浮箱式基础

图 2-11　海上风力发电的三种浮式基础

2.4　控制器

控制系统采用双 PLC 控制模式和开放式体系结构。除了塔筒中的主控 PLC 之外，还有一台轮毂中的 PLC 用于提供冗余功能，并防止通过滑环连接数据传输的丢失。建立一个集成的控制系统，提供协调、简单的处理、连接和数据流。开放式体系为自动化控制系统的深度开发提供了广阔的空间。第三方设备可通过相应接口轻松集成到系统中。控制系统支持现场的安全访问，而在控制中心也可由多名用户同时进行访问，可对参数进行修改，以满足具体的应用要求。

2.5 控制和保护系统

海上风电机组控制系统由主控系统、变桨系统和变流系统组成。主控系统由主功能、辅助功能和保护功能系统构成；变桨系统能调整优化风机输出功率；变流系统则完成发电机并网切入过程。主控主功能系统的作用在于确保系统安全可靠的运行、获取最大能量和提供良好的电力质量。海上风电机组控制系统结构如图 2-12 所示。

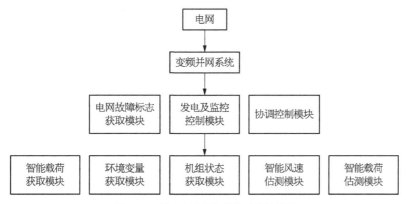

图 2-12　海上风电机组控制系统结构图

安全保护系统对于风电控制系统的安全运行意义重大，除了常规的陆地风电控制系统的雷电安全保护、大风安全保护、参数越限保护、过电压过电流保护、开机关机保护、电网掉电保护、紧急停机安全链保护、微机控制器抗干扰保护、火灾保护和接地保护外，针对海上特殊的环境设计了特殊的振动保护和防腐蚀保护。

2.6 电力电子系统

由于当前的海上风机系统主要以变速发电机组为主，发电机组产生的电能（AC）是变频的。为了将频率馈入电网，它需要处于特定的边界内，如欧洲目标值为 60 Hz 或 50 Hz。AC—DC—AC（AC：交流电；DC：直流电）转换器将发电机产生的变频电力转换为直流电，然后以电网频率转换为交流电。

对于海上风力发电机，通常使用具有 1 200 V 或 1 700 V 的反向阻断电压能力的绝缘栅双极型晶体管（IGBT）配电，具有 750 V 和 1 200 V 之间的直流电电压水平及 490 V 和 690 V 之间的标称交流电线电压。这些低压转换器的标准配电频率在几千赫兹的范围内。海上风力发电机越来越多地使用具有 3.3 kV 或 6 kV 等更高电压阻断能力的中压变压器及几个 100 Hz 的配电频率。通常，这会导致在相同的额定功率下有较低的电流值，同时还有一些固有的优点，如损耗较低、铜线较少、可靠性较高，但是投资成本也较高。

在海上风力发电机中,出于维护原因,转换器大多放置在机舱内,并且通常包含并行工作的独立转换器。如果其中一个系统发生故障,这种冗余可以降低功耗。电力转换器的可靠性对于海上风力发电机经济可靠地成功运行至关重要。电路板对与环境的微小交互非常敏感,如昆虫降落在电路板上可能导致短路。

风能被越来越多地使用,其中一个重要方面就是供电电网的质量和风电机组对电网问题的反应。使用转换器的发电机比使用 DFIG 的发电机在处理电网问题方面具有更好的能力。尽管齿轮啮合 DFIG 解决方案所提供的能量质量很高,但需要更复杂的控制工作量和硬件保护系统才能符合当今的大多数电网规范。DFIG 最大的缺点是缺乏完整的电网解耦。

一般来说,高速和中速 PMSG/EESG 比低速 PMSG/EESG 具有更高的效率,这主要是因为使用材料、机械尺寸、气隙尺寸和所需冷却力等设计约束的结果。然而,直接驱动的主要优点是减轻了动力传动系机械部件的内部损耗。另一方面,变速箱涡轮,尤其是那些使用双馈风力发电技术的涡轮,在最佳工作点下显示出更高的效率,这主要是因为与完整的转换器设计(应用于 PMSG)相比,其所安装的电力电子设备的显著减少(节省 50%~70%)。

3

海上风机基础支撑
结构设计技术

海上风电场风机基础选型技术

固定基础支撑结构分类与特点

海上风电基础支撑结构设计准则

本章主要介绍海上风机基础支撑结构形式,分析了基础形式选择主要取决于水深、水位变动幅度、土层条件、海床坡率与稳定性、水流流速与冲刷、所在海域气候、风电机组运行要求、靠泊与防撞要求、施工安装设备能力、预加工场地与运输条件、工程造价和项目建设周期等因素。同时介绍了当前阶段国内外海上风机基础的常用类型,主要包括单桩式基础、重力式基础、桩基承台基础(潮间带风机)、三脚架或多脚架式基础、导管架式基础等。

3.1 海上风电场风机基础选型技术

发电成本是制约海上风电发展的瓶颈,影响海上风电成本的主要因素是基础结构成本(包括制造、安装和维护)。目前,海上风电场的总投资中,基础结构占 20%~30%,而陆上风电场仅为 5%~10%。因此,发展低成本的海上风机基础结构是降低海上风电成本的一个主要途径,合理设计海上风机基础支撑结构是促进海上风电发展的关键技术之一。

3.1.1 海上风机基础支撑结构形式

海上风机基础被认为是造成海上风电成本较高的主要因素之一。目前,国外研究和应用的海上风机基础从结构形式上主要分为重力式基础、桩基础及悬浮式基础。前两种形式已在欧洲海上风电场建设中得到广泛应用,悬浮式基础为正在研制阶段的深水海上风电技术。

1) 重力式基础

重力固定式基础体积较大,靠重力来固定位置,主要有钢筋混凝土沉箱型或钢管柱加钢制沉箱型等,其基础重量和造价随着水深的增加而成倍增加,丹麦的 Vindeby、Tunø Knob、Middelgrunden 和比利时的 Thornton Bank 海上风电场基础均采用了这种传统基础结构技术。

重力式基础适合坚硬的黏土、砂土及岩石地基,地基须有足够的承载力支撑基础结构自重、上部风机荷载及波浪和水流荷载。重力式基础一般采用预制圆形空腔结构(图3-1),空腔内填充砂、碎石或其他密度较大的回填物,使基础有足够自重抵抗波浪、水流荷载及上部风机荷载对基础产生的水平滑动、倾覆。基础尺寸根据地基承载力及抵抗滑动、倾覆所需要的抗力决定。圆形结构安放前须在地基上铺设一定厚度的抛石基床,一方面起整平作用,另一方面可以扩散结构对地基的应力,起减小地基应力及减弱不均匀沉降的作用。基础可在陆上预制场内预制或驳船上预制,采用半潜驳运至风机位置,起重船吊装就位。

重力式基础对地基承载力要求较高,适用于水深 30 m 以下的海域,优点是基础采用钢筋混凝土结构,本体造价较钢结构低;缺点是基础的体积较大,需在岸边预制,运输、就位较为不便,同时地基需一定的处理(平整基床)。重力式基础不适合流沙型的海底情况。另外,由于重力式基础一般重达 3 000 t 左右,其海上运输和安装等均不方便。

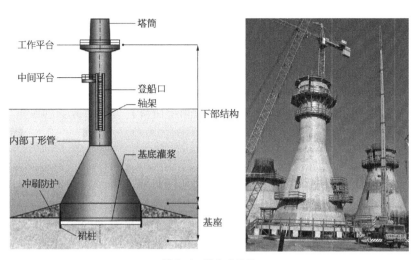

图 3-1 重力式基础

2）桩基础

桩基础利用打桩、钻孔或喷冲的方法将钢管安装在海底泥面以下一定的深度，将风机塔架固定其上起支撑作用。桩基础可分为单桩式基础、多桩承台基础及多脚架组合式基础。

（1）单桩式基础。支柱固定式基础利用打桩、钻孔或喷冲的方法将钢质支柱安装在海底泥面以下一定深度，将风机塔架固定其上起支撑作用（图 3-2）。其插入深度由水深和海床地质条件决定，其水深一般小于 30 m（平均水位）。国外现有的大部分海上风电场，如丹麦 Horns Rev 和 Nysted、爱尔兰 Arklow bank、英国 North Hoyle、Scroby Sands 和 Kentish Flats 等大型海上风电场均采用了这种基础。

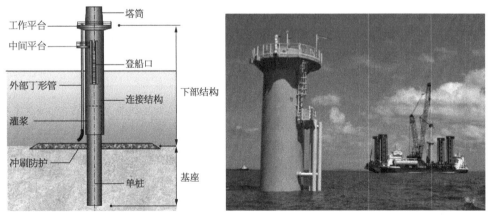

图 3-2 单桩式基础

单桩式基础因其结构简单和安装方便，为目前应用最普遍的形式。它由钢制圆管构成，圆管壁厚为 30～60 mm，直径为 4～6 m。由于单桩打入海底较深，该基础形式有较大的优势，但对于海床有岩石的情况就不适合采用此类基础。由于单桩式基础在更深的水况下，只能通过加长钢制圆管的长度来适应水深，但会导致基础钢管的刚性及稳性降低，所以单桩式基础适应的最大水深约 25 m。

（2）多桩承台基础。多桩式高桩承台基础,参考了国内施工建设中已趋成熟的海上独立式墩台基础和跨海大桥桥墩基础结构形式;其结构由基桩和承台组成(图3-3),其基桩可采用预制桩、灌注桩或钢管桩。

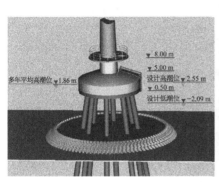

图3-3 多桩承台基础

预制桩一般选用PHC管桩较为经济,但PHC管桩施打时对风浪要求较高、遇深厚砂土层时沉桩较为困难,以及施工期在波浪力的作用下易造成桩身脆性破坏等问题。灌注桩只能做成直桩,抵抗大的水平推力时只能靠增加桩径来解决,且灌注桩在海上施工时需搭设施工平台,施工周期长,一般不采用。钢管桩具有刚度大、重量较小、沉桩施工方便等优点,被东海大桥风电场采用。

承台采用圆形结构,承台的直径根据桩的数量和间距来确定,承台的高度根据桩进入承台的深度及上部风筒连接件的埋置深度确定。

（3）多脚架组合式基础。多脚架组合式基础主要在海上石油平台、海上灯塔建设中得到一定的运用,据了解,我国在渤海、东海水深15～80 m海域设立的海上石油导管架结构,均采用此类基础。

三脚架组合式基础结构形式为:用多根中等直径的钢管桩定位于海底,桩顶通过钢套管支撑上部三脚桁架结构,构成组合式基础(图3-4)。多脚桁架承受上部塔架荷载,并将应力与力矩传递于钢桩。

图3-4 多脚架组合式基础

3) 悬浮式基础

悬浮式基础按照基础上安装的风机数量分为联合式和单风机式。联合式是指在一个浮式基础上安装有多个风机,但因稳性不容易满足和所耗费的成本过高,一般不予考虑。另一种就是单风机浮式基础,这种基础主要参考现有海洋石油开采平台而提出,因其技术上有参考,且成本较低,是未来悬浮式基础发展的主要考虑方向。

3.1.2 各种基础形式的比较

基础形式的比较仅限于目前常用的基础形式,具体内容见表 3-1。

表 3-1　风机基础设计方案特性比较

设计方案	重力式基础	大直径单根钢管桩基础	群桩式高桩承台基础	三脚架组合式基础
基础结构特点	该结构为国外海上风电场风机基础常用形式。基础采用钢筋混凝土结构,依靠自身的重量固定于海床上	该结构为国外海上风电场风机基础常用形式;基础自重轻,结构构造简单,受力明确	该结构为高桩承台基础,总体结构偏于厚重;因结构承受较大的波浪上托力影响,故基桩长度较长;斜桩基桩呈圆周形布置,对结构受力和抵抗水平位移较为有利	该结构在海洋石油工业海上石油导管架式基础的建造中得到了应用,基础自重较轻;基桩呈三角桩位布置,固定在海底,整个结构的稳定性较好
适用自然条件	适用于水深小于30 m且地质条件好的地区	适用于水深小于25 m且地质条件较好的地区,对于场地较差,考虑采用大直径单根钢管桩基础,可满足结构倾斜度和变位要求	适用于水深5~30 m且对地质条件要求不高的地区,但对于台风出现频率较高的海域,因波浪将对承台产生较大的顶推力作用,须对基桩与承台的连接采取加固措施	适用于水深15~50 m且对地质条件要求不高的地区,但基础的水平度控制需配有浮坞等海上固定平台完成。建成后,由于水下桁架结构处水深较浅,工作船的靠泊条件有所限制
海上施工技术和施工条件	岸边预制,半潜驳运输,起重船吊装就位;岸边需较大的安装场地,基础体积、重量较大,运输和吊装较为不便,施工措施费用较高;施工周期较长	对于单桩独柱的就位施打必须具备大型打桩锤,施工要求较高;据调查和交流,国外风机基础建造公司已积累了一整套成熟的施工技术,本工程施工时可租赁和引进相应的施工机械和施工技术;钢管桩陆上制作、堆放及吊运时,对场地、周转码头的要求较高;施工周期短	此种基础形式基桩直径较小(不大于2.5 m),国内现有打桩船"天威"号及"海力801"号均能满足工程沉桩的要求;钢管桩工厂化的制作、海上运输至设计地点;施工周期长	国内在海上石油导管架式基础的施工中有一定的施工经验及相应的施工机械,但在风电建设领域未有实例;对钢管桩的制作、运输、吊运要求较低;施工周期比较长
经济性	工程造价较低	钢材耗量较多,工程造价较高	工程造价高	工程造价较高

3.2 固定基础支撑结构分类与特点

1) 单桩式基础

（1）概况：结构简单，应用广泛。

（2）结构：由钢板卷制而成的焊接钢管组成，如图 3-5 所示。

图 3-5 单桩卷制

（3）分类：有过渡段单桩（图 3-6）和无过渡段单桩（图 3-7）。

（4）优势：单桩式基础结构简单，施工快捷，造价相对较低。

图 3-6 单桩及过渡段

图 3-7 无过渡段单桩

（5）劣势：结构刚度小、固有频率低，受海床冲刷影响较大，且对施工设备要求较高。

（6）代表工程：英国 London Array 海上风电场（图3-8）。

图3-8　London Array 海上风电场

2）重力式基础

（1）概况：产生最早，适用水深一般不超过40 m。

（2）结构：靠基础自重抵抗风电机组荷载和各种环境荷载作用，一般采用预制钢筋混凝土沉箱结构，内部填充砂、碎石、矿渣或混凝土压舱材料。

（3）分类：预制混凝土沉箱（图3-9）和钢结构沉箱（图3-10）。

图3-9　混凝土重力式基础运输

图3-10　钢制重力式基础

（4）优势：稳定性好。

（5）劣势：对地基要求较高（最好为浅覆盖层的硬质海床）。施工安装时需要对海床进行处理，对海床冲刷较为敏感。混凝土重力式基础陆上预制如图 3-11 所示。

图 3-11　混凝土重力式基础陆上预制

（6）代表工程：英国 Blyth 海上风电场。

3）导管架式基础

（1）概况：取经海洋石油平台，适用水深 20~50 m。

（2）结构：下部结构采用桁架式结构，以四桩导管架式基础为例，结构采用钢管相互连接形成的空间四边形棱柱结构，基础结构的四根主导管端部下设套筒，套筒与桩基础相连接。导管架套筒与桩基部分的连接通过灌浆连接方式来实现，如图 3-12 和图 3-13 所示。

（3）优势：基础刚度大，稳定性较好。

图 3-12　导管架式基础

图 3-13　导管架式基础运输

（4）劣势：结构受力相对复杂，基础结构易疲劳，建造及维护成本较高。

（5）代表工程：德国 Alpha Ventus 海上风电场（图 3-14）。

图 3-14　Alpha Ventus 海上风电场

4）多脚架式基础

（1）概况：陆上预制，水下灌浆，一般适用于 20～40 m 水深的海域。

（2）结构：根据桩数不同可设计成三脚、四脚等基础。以三脚架为例，三根桩通过一个三角形刚架与中心立柱连接，风电机组塔架连接到立柱上形成一个结构整体。

（3）分类：三脚架基础、四脚架基础等，如图 3-15 所示。

（4）优势：结构刚度相对较大，整体稳定性好。

（5）劣势：需要进行水下焊接等操作，如图 3-16 所示。

（6）代表工程：德国 Borkum West 2 海上风电场（图 3-17）。

图 3-15　多脚架式基础

图 3-16　多脚架式基础运输

图 3-17　Borkum West 2 海上风电场

5）吸力筒基础

（1）概况：陆地预制,抽水下沉,注水移除,一般适用于水深在 60 m 以内的海域,如图 3-18 所示。

（2）结构：由筒体和外伸段两部分组成,筒体为底部开口顶部密封的筒形,外伸段为直径沿着曲线变化的渐变单通,如图 3-19 所示。

图 3-18　吸力筒基础　　　　　图 3-19　吸力筒基础及风机整体安装

（3）分类：钢筋混凝土预应力结构和钢结构形式。

（4）优势：造价低,施工速度快,如图 3-20 所示。

图 3-20　吸力筒基础及风机整体运输

（5）劣势：对施工精度要求较高。

（6）代表工程：中国三峡响水海上风电场。

6）桩基-钢承台基础

（1）结构：下部为重力式基础,上部为导管架结构,导管架下部的桩腿与重力式基础连接,一般采用灌浆连接,如图 3-21 和图 3-22 所示。

图 3-21 桩基-钢承台基础 1

图 3-22 桩基-钢承台基础 2

（2）优势：靠泊等附属结构布置方便，上部结构受波浪力较小。

（3）劣势：结构较为复杂，重量较大，对地质的承载力和打桩精度要求较高。

（4）代表工程：德国 Bard Offshore 1 海上风电场（图 3-23）。

图 3-23 Bard Offshore 1 海上风电场

7) 桩基-混凝土承台基础

（1）概况：中国自主研发的下部结构及基础形式，适用于软土地基。

（2）结构：由若干根桩和位于海水面或冲刷面以上的承台所组成的桩基础结构。

（3）分类：常规的桩基承台（图 3-24）和高桩承台（图 3-25）。

图 3-24　桩基承台基础风机吊装

图 3-25　高桩承台

（4）优势：基础结构刚度大，结构稳定，防撞性能好，施工工艺成熟。

（5）劣势：施工工期较长，不适用于水深较深的海域。

（6）代表工程：中国东海大桥海上风电场（图 3-26）。

图 3-26　东海大桥海上风电场

8) 其他新型基础

（1）导管架-重力式基础（图 3-27）。该形式下部为重力式基础，上部为导管架结构，导管架下部的桩腿与重力式基础连接，一般采用灌浆连接。

（2）重力式-导管架基础（图 3-28）。该形式基础下部为导管架式基础，上部位重

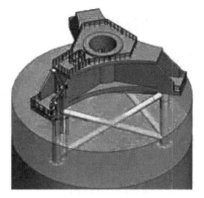

图 3-27　导管架-重力式基础　　　　　　图 3-28　重力式-导管架基础

力式结构。代表工程为丹麦 Nissum Bredning 试验风电场。

（3）导管架-吸力筒基础（图 3-29）。该形式基础上部单桩通过过渡结构与下部吸力筒基础连接。

图 3-29　导管架-吸力筒基础

3.3　海上风电基础支撑结构设计准则

本节将介绍国家标准《岩土工程勘察规范》(GB 50021—2018)、《钢结构设计标准规范》(GB 50017—2017)和国家行业标准《建筑桩基技术规范》(JGJ 94—2008)关于基础支撑钢结构设计、桩基础设计、桩的轴向承载力计算等内容,适用于大部分类型的海上风力发电机的基础支撑结构形式,包括单立柱基础、单立柱三桩结构、三腿或四腿导管架结构,但不包括风机部件,如风机吊舱和转子等。同时从许用应力、组合应力、圆管构件强度、桩的轴向承载力等方面对基础支撑钢结构设计强度给出相应的估算公式。

3.3.1　基础支撑结构形式

1）单立柱基础

（1）单立柱单桩结构是桩承结构中最简单的一种结构形式，基础施工采用打桩或钻孔方法。单立柱结构一般为钢质，塔架通过单桩支撑，塔架与桩之间可以直接连接，也可以通过过渡段连接。桩和立柱均为圆柱形结构。

（2）桩的贯入深度取决于环境和土壤条件。单桩结构在海床活动海域和冲刷海床海域是非常有利的，因为它对水深有较大的灵活性。这种结构的弱点是害怕倾斜和振动，因此对设计和施工的要求较高。

（3）这种类型的结构受到海底地质条件和水深的制约，适合于水深 0～25 m 的海域。

2）单立柱三桩结构

（1）单立柱三桩结构有三条桩腿埋入海床，其上部连接一个单立柱，单立柱是圆柱形钢管。基础宽度和桩的贯入深度取决于实际的环境和土壤条件。

（2）海上风电机组的单立柱三桩结构与边际油田开发的简易平台相似，三根桩通过一个三角形刚架与中心立柱连接，风电机组塔架连接到立柱上形成一个结构整体。

（3）三脚架的中心立柱与塔架连接，三脚架的桩可以是竖直的，也可以是倾斜的。当结构采用自升式钻塔安装时要使用倾斜桩。

（4）单立柱三桩结构的刚度大于单立柱结构，因此适用水深为 20～50 m。

3）三腿或四腿导管架结构

（1）海上风电机组的三腿或四腿导管架结构完全借鉴于海洋石油平台的概念，采用了比单立柱三桩结构刚度更大的结构形式。因此，其适用水深和可支撑的风机规格大于单立柱三桩结构。

（2）四腿导管架的适用水深为 20～50 m。

3.3.2　基础支撑钢结构设计

1）许用应力

在工作环境条件及施工条件下，支撑构件的许用应力可按表 3-2 计算。

在工作环境条件下，对接焊缝的许用应力等于母材的许用应力。填角焊缝的抗拉、抗压、抗剪的许用应力均取 $0.4\sigma_s$。

在极端环境条件下，各种荷载组合后的构件许用应力可在表 3-2 的规定值基础上提高 1/3，但计算所得截面不得小于按照工作环境条件计算的截面。

表 3-2　支撑构件的许用应力计算表

应力种类	许用应力符号	许用应力/(N/mm²)
抗拉、抗压、抗弯	$[\sigma]$	$0.6\sigma_s$
抗剪	$[\tau]$	$0.4\sigma_s$
承压面（磨平）	$[\sigma_d]$	$0.9\sigma_s$

注：σ_s——钢材屈服强度（N/mm²）。

2) 组合应力

（1）对于风电机组基础结构尤其是塔架，由于风机荷载的存在，其应力组合不同于一般的平台，需要考虑以下不同应力的组合：双向弯曲、轴向压缩与双向弯曲。

（2）在水深较大时还要考虑静水压力的影响，应力组合为：双向弯曲与静水压力、轴向压缩、双向弯曲与静水压力。

3) 圆管构件的强度

风电机组基础结构的构件在设计荷载作用下，应具有足够的强度。圆管构件的强度要求和计算公式见表 3-3。

表 3-3　圆管构件强度计算表

计算应力种类	构件受力情况	计算公式/MPa
轴向应力 σ_x	轴向受拉或受压	$\sigma_x = \dfrac{N}{A} \leqslant [\sigma]$
	在一个平面内受弯	$\sigma_x = \dfrac{M}{W} \leqslant 1.1[\sigma]$
	轴向受拉或受压并在一个平面内受弯	$\sigma_x = \dfrac{N}{A} \pm 0.9\dfrac{M}{W} \leqslant [\sigma]$
	在两个平面内受弯	$\sigma_x = \dfrac{\sqrt{M_X^2 + M_Y^2}}{W} \leqslant 1.1[\sigma]$
	轴向受拉或受压并在两个平面内受弯	$\sigma_x = \dfrac{N}{A} \pm 0.9\dfrac{\sqrt{M_X^2 + M_Y^2}}{W} \leqslant [\sigma]$
环向应力 σ_y	周围静水压力	$\sigma_y = \dfrac{pD}{2t} \leqslant \dfrac{5}{6}[\sigma]$
剪应力 τ	受剪	$\tau = \dfrac{2Q}{\pi Dt} \leqslant [\tau]$
	受扭	$\tau = \dfrac{2T}{\pi D^2 t} \leqslant [\tau]$
	受剪和受扭	$\tau = \dfrac{2}{\pi Dt}\left(\sqrt{Q_x^2 + Q_y^2} + \dfrac{T}{D}\right) \leqslant [\tau]$
折算应力 σ	轴向应力和剪应力	$\sigma = \sqrt{\sigma_x^2 + 3\tau^2} \leqslant [\tau]$
	轴向应力、环向应力和剪应力	$\sigma = \sqrt{\sigma_x^2 + \sigma_y^2 - \sigma_x\sigma_y + 3\tau^2} \leqslant [\sigma]$

注：　　N——计算截面的轴向力（N）；

　　　　M——计算截面的弯矩（N·mm）；

M_x、M_y——计算截面分别绕 x 轴和 y 轴的弯矩（N·mm）；

　　　　Q——计算截面的剪力（N）；

Q_x、Q_y——计算截面沿 x 轴和 y 轴的剪力（N）；

　　　　T——计算截面的扭矩（N·mm）；

　　　　p——设计静水压力（MPa）；

　　　　D——圆管平均直径（mm）；

　　　　t——圆管壁厚（mm）；

　　　　A——圆管截面积（mm²）；

　　　　W——圆管截面的剖面模数（mm³）；

　　　Q_x——计算截面最大轴向应力（N/mm²）；

　　　Q_y——计算截面环向应力（N/mm²）；

　　　　τ——计算截面剪应力（N/mm²）。

3.3.3 桩基础设计

1）一般规定

（1）为确保风电机组基础结构在工作环境条件下能正常工作，在极端环境条件下具有一定的安全度，应对桩体结构的强度、稳定性及桩基承载力进行分析验算。此外，桩基础设计还应包括打桩过程中的桩体强度校核及桩可打入性分析。桩基础应能承受静力的、循环的和瞬时的荷载而不致产生过大的变形或振动。应特别注意循环荷载对支撑土壤强度的影响及对桩结构动力响应的影响。

（2）应调查海底相对于基础构件产生位移的可能性，应预估此位移引起的作用力，并在基础设计中加以考虑。

（3）由于海流和波浪作用引起的海床冲刷可能严重影响桩基轴向和横向支承能力，应对风电机组基础结构所在海域的海床冲刷情况进行调查，如有冲刷现象，则设计时应加以考虑。

（4）在基础施工过程中，由于达不到设计要求需要采取的可能补救措施应在施工前进行研究并做出规定。

2）桩体壁厚的确定

钢管桩壁厚是由桩体强度和稳定性要求与腐蚀裕量所决定，同时尚应考虑施工方面的要求，并不得小于规定的最小厚度 t。

钢管桩的最小壁厚 t 按下式计算：

$$t = 6.35 + D/10 \tag{3-1}$$

式中　D——桩径（mm）。

3）桩体分段的确定

确定桩体的分段长度时，应考虑起吊能力、打桩工艺和打桩时桩体强度、刚度和稳定性，以及现场焊接条件、土质情况等因素。

4）桩体的构造要求

（1）在桩顶和桩尖处，一个桩径长度范围内的桩壁厚度，必要时应加厚至最小壁厚的1.5倍。

（2）钢管桩在泥面处厚壁段的上下均应留有适当富裕长度，以适应桩体实际入土深度的变化。每一桩段应留有1m左右的余量，以备因锤击损伤后，将此长度割去。

（3）桩体与导管（或套管）之间的环形空间，一般宜用水泥浆充填，以实现钢桩与导管（或套管）之间的荷载传递。应该设置定位块在桩和周围结构之间保持一个均匀的环行空间。为封闭水泥浆应使用封隔器，并提供正确地将水泥浆灌入环行空间的方法。在具有软弱的海底泥土的地方，应考虑采用封闭器或其他方法尽量避免泥土侵入环行空间。

5）横向荷载下桩基计算

（1）横向荷载作用下桩的内力及变形，一般可以通过求解桩轴挠曲的微分方程或用有限元法得到。计算中宜考虑土的非线性特性及泥面冲刷、滑移和沉桩对土体扰动的影响等因素。

（2）桩侧土抗力 P 应按下式计算求得：

$$P = -E_s y \tag{3-2}$$

式中　E_s——计算点的土抗力模量（MN/m^3），其值随土质、深度和位移而变；

　　　y——计算点的桩侧位移（mm）。

（3）土抗力模量

桩在横向荷载作用下，其侧向位移较小时可不考虑土的非线性特性，按一般公认的线性假定确定土抗力模量。

横向荷载下桩的计算，考虑土的非线性时，宜以计算点的 P-y 曲线为依据，取其割线斜率作为土抗力模量。

3.3.4　桩的轴向承载力

1）一般要求

确定桩的轴向承载力有下列几种方法：现场试桩、静力公式、桩的动力公式（基于波传播理论的公式）、地区性的半经验公式。

桩基设计可用上述方法确定承载力，但动力公式不能单独使用，最好是用几种方法综合确定。

2）受压桩的极限承载力

（1）受压桩的极限承载力 Q_d 可用下式计算：

$$Q_d = Q_f + Q_p = \sum f_i A_{si} + q A_p \tag{3-3}$$

式中　Q_f——桩侧摩阻力（kN）；

　　　Q_p——总的桩尖阻力（应不大于土塞承载力，kN）；

　　　f_i——第 i 层土的单位面积侧摩阻力（kPa）；

　　　A_{si}——第 i 层土中的桩侧面积（m^2）；

　　　q——单位面积桩尖阻力（kPa）；

　　　A_p——桩尖毛面积（m^2）。

（2）黏性土中桩的单位面积侧摩阻力 f 和单位面积桩尖阻力 q 按下式选取：

① 黏性土中桩的单位面积侧摩阻力 f 可按下式计算：

$$f = ac \tag{3-4}$$

式中　a——系数，$a \leqslant 1.0$；

　　　c——不排水抗剪强度（kPa）。

系数 a 可按下式计算：

$$a = 0.5\psi - 0.5 \quad (\psi < 1.0) \tag{3-5}$$

$$a = 0.5\psi - 0.25 \quad (\psi \geqslant 1.0) \tag{3-6}$$

$$\psi = c/p_0 \tag{3-7}$$

式中　p_0——有效上敷压力（kPa）。

② 黏性土中桩的单位面积桩尖阻力 q 取桩尖处土的不排水抗剪强度 c 的 9 倍。

（3）砂性土中的单位面积侧摩阻力 f 和单位面积桩尖阻力 q 按下列选取：

① 砂性土中的单位面积侧摩阻力 f 可按下式计算：

$$f = k_0 p_0 \tan \delta \tag{3-8}$$

式中　k_0——土层的侧压力系数，一般为 0.5～1.0；

　　　p_0——有效上敷压力（kPa）；

　　　δ——桩土间摩擦角（°）。

② 砂性土中的单位面积桩尖阻力 q 可按下式计算：

$$q = p_0 N_q \tag{3-9}$$

式中　N_q——阻力系数，可参考表 3-4 选取。

表 3-4　土体阻力系数选取表

砂土类型	内摩擦角 Φ	桩土摩擦角 δ	阻力系数 N_q
砂	35°	30°	40
粉质砂土	30°	25°	20
砂质粉土	25°	20°	12
粉土	20°	15°	8

注：此表中的值用于中密～密实的砂性土。

3）受拉桩的极限抗拔力计算

（1）计算受拉桩的极限抗拔力时，一般假定桩尖阻力为零，且可考虑桩体有效重量的影响。

（2）黏性土中抗拔桩的单位面积侧摩阻力。

（3）砂性土中抗拔桩的单位面积侧摩阻力小于受压桩的值。

4）计算安全系数选取

桩基的容许承载力为极限承载力除以安全系数。许用安全系数应符合表 3-5 的要求。

表 3-5　设计安全系数选取表

设计环境条件	荷载情况	安全系数 K
工作环境条件	风电机组基础结构上固定荷载＋相应的最大可变荷载	2.0
	风电机组基础结构上固定荷载＋相应的最小可变荷载	
极端环境条件	风电机组基础结构上固定荷载＋相应的最大可变荷载	1.5
	风电机组基础结构上固定荷载＋相应的最小可变荷载	

4

风机叶轮发电系统设计技术

本章首先对风机叶片的基本理论进行了介绍,包括叶片设计的动力学理论和风机的获能特性系数,重点阐述了风机叶片材料特性、风机主传动系统的总体设计和主要部件结构设计;其次分析了液压变桨距控制系统设计方案,包括液压变桨距控制、变桨距风机的获能运行状态和液压控制变桨。本章从风机叶片的设计、选材及整机设计方案综合论述,对风机发电系统的设计和安装技术研究具有可行性的指导和建议。

4.1 风机叶片的基本理论

4.1.1 叶片设计的动力学理论

1) 贝茨理论

世界上第一个关于风力发电机叶轮叶片接受风能的完整理论是 1919 年由德国的贝茨(Alber Betz)建立的。贝茨理论的建立是假定叶轮是“理想”的:全部接受风能(没有轮毂),叶片无限多;对空气流没有阻力;空气流是连续的、不可压缩的;叶片扫掠面上的气流是均匀的;气流速度的方向不论在叶片前还是叶片后都是垂直叶片扫掠面的(或称平行叶轮轴线的)。满足上述条件的叶轮称为“理想叶轮”。其计算如图 4-1 所示。

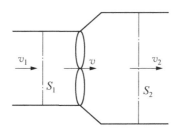

图 4-1 理想叶轮计算简图

图 4-1 中,v_1 为距离风力机一定距离的上游风速,v 为通过风轮时的实际风速,v_2 为离风轮远处的下游风速。

风力贝茨理论计算模型如下:

(1) 风作用在风轮上的力可由 Euler 理论(欧拉定理)计算:

$$F = \rho s v (v_2 - v_1) \tag{4-1}$$

(2) 风轮所接受的功率为

$$P = Fv = \rho s v^2 (v_2 - v_1) \tag{4-2}$$

(3) 经过风轮叶片的风的动能转化为

$$\Delta T = \frac{1}{2} \rho s v (v_1^2 - v_2^2) \tag{4-3}$$

(4) 由式(4-2)和式(4-3)得到,风作用在风轮叶片上的力 F 和风轮输出的功率 P 分别为

$$F = \frac{1}{2}\rho s(v_1^2 - v_2^2) \qquad (4-4)$$

$$P = \frac{1}{4}\rho s(v_1^2 - v_2^2)(v_1 + v_2) \qquad (4-5)$$

其中,风速 v_1 是给定的,P 的大小取决于 v_2,对 P 微分求最大值:

$$\frac{\mathrm{d}P}{\mathrm{d}v_2} = \frac{1}{4}\rho s(v_1^2 - 2v_1 v_2 - 3v_2^2) \qquad (4-6)$$

令 $\frac{\mathrm{d}P}{\mathrm{d}v_2}$ 等于 0,求解方程,得 $v_2 = 1/3 v_1$

$$P_{\max} = \frac{8}{27}\rho s v_1^3 = \frac{1}{2}C_p \rho s v_1^3 \qquad (4-7)$$

其中,$C_p = 0.594$,为贝茨功率系数;$\frac{1}{2}\rho s v_1^3$ 是风速为 $v = \frac{v_1 + v_2}{2}$ 的风能。

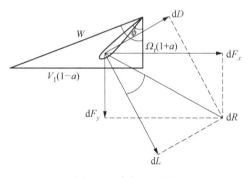

图 4-2　叶素二元翼型

贝茨理论说明,理想的 v_1 风能对风轮叶片做功的最高效率是 59.3%。一般设计时根据叶片的数量、叶片翼型、功率等情况,取 0.25～0.4。

2) 叶素理论

将叶片沿展向分成若干个微段,每个微段称为一个叶素。这里假设每个微段之间没有干扰,叶素本身可以看成一个二元翼型,如图 4-2 所示。

其中　　　　升力元:$\mathrm{d}L = \frac{1}{2}\rho W^2 C C_L \mathrm{d}r \qquad (4-8)$

阻力元:$\mathrm{d}D = \frac{1}{2}\rho W^2 C C_d \mathrm{d}r \qquad (4-9)$

合速度:$W = \frac{V}{\sin\phi} \qquad (4-10)$

式中　L——升力(N 或 kN);

　　　C——弦长(m);

　　　C_L——升力系数;

　　　C_d——阻力系数。

$$\mathrm{d}F_x = \mathrm{d}L\cos\phi + \mathrm{d}D\sin\phi = \frac{1}{2}\rho W^2 C \mathrm{d}r C_x \qquad (4-11)$$

$$\mathrm{d}F_y = \mathrm{d}L\sin\phi - \mathrm{d}D\cos\phi = \frac{1}{2}\rho W^2 C \mathrm{d}r C_y \qquad (4-12)$$

$$C_x = C_l \cos \phi + C_D \sin \phi \qquad (4-13)$$

$$C_y = C_l \cos \phi - C_D \sin \phi \qquad (4-14)$$

风轮半径为 r 处环素上的推力为

$$\mathrm{d}T = B\mathrm{d}F_x = \frac{1}{2}\rho W^2 NC\mathrm{d}rC_x \qquad (4-15)$$

式中　B——叶片数。

叶素理论包括两个干扰系数,又称诱导系数:轴向干扰系数 a 和切向干扰系数 b。它们的物理意义是气流通过风轮时,风轮对气流速度的影响。换言之,气流在通过风轮时,气流的轴向速度与切向速度都要发生变化。而这个变化就是以 a、b 为系数时对气流速度所打的折扣。

3)动量理论

在风轮扫掠面内半径 r 处取一个圆环微元体。应用动量定理,作用于风轮$(r, r + \mathrm{d}r)$ 环形域上:

$$推力:\mathrm{d}F = m(v_1 - v_2) = 4\pi\rho r v_1^2 (1-a)a\,\mathrm{d}r \qquad (4-16)$$

$$转矩:\mathrm{d}M = mr^2\omega = 4\pi\rho r^3 v_1 \Omega (1-a)b\,\mathrm{d}r \qquad (4-17)$$

如果忽略上行阻力,则

$$C_x \cong C_L \cos \phi$$

$$C_y \cong C_L \sin \phi \qquad (4-18)$$

4.1.2　风机的获能特性系数估算公式

1)风能利用系数 C_p

风机从自然风能中吸取能量的大小程度用风能利用系数 C_p 表示:

$$C_\mathrm{p} = \frac{p}{\frac{1}{2}\rho s v^3} \qquad (4-19)$$

式中　p——风机实际获得的轴功率(W);

s——风轮的扫风面积(m^2);

v——上游风速(m/s);

ρ——空气密度($\mathrm{kg/m}^3$)。

2)叶尖速比 λ

为了表示风轮在不同风速中的状态,用叶片的叶尖圆周速度与风速之比来衡量,称为叶尖速比 λ。

$$\lambda = \frac{2\pi Rn}{v} \qquad (4-20)$$

式中　n——风轮的转速(r/s)；

　　　w——风轮角频率(rad/s)；

　　　R——风轮半径(m^2)。

4.2　风机叶片材料选型与加工工艺

复合材料风机叶片是风力发电系统的关键动部件，直接影响着整个系统的性能，并要具有长期在户外自然环境条件下使用的耐候性和合理的制造价格。因此，叶片的材料、设计和制造技术水平十分重要，被视为风力发电系统的关键技术和海上风电技术水平代表。影响风机叶片相关性能的因素主要有原材料、风机叶片设计参数及叶片的加工工艺。

4.2.1　材料选型

海上风机叶片主要是由聚酯树脂、乙烯基树脂和环氧树脂等热固性基体树脂与 E-玻璃纤维、S-玻璃纤维、碳纤维等增强材料，通过手工铺放或树脂注入等成型加工工艺技术复合而成。

对于同一种基体树脂来讲，采用玻璃纤维增强的复合材料制造的叶片的强度和刚度的性能要差于采用碳纤维增强的复合材料制造的叶片的性能。但是，碳纤维的价格目前是玻璃纤维的 10 倍左右。由于成本的制约因素，叶片制造采用的增强材料主要为玻璃纤维。随着叶片设计长度的不断增加，叶片制造对增强材料的强度和刚性等性能也提出了新的要求，玻璃纤维在大型复合材料叶片制造中逐渐出现性能方面的不足。为了保证叶片能够安全的承担风、温度、盐度等外界载荷，风机叶片设计尝试采用玻璃纤维/碳纤维混杂复合材料结构，尤其是在翼缘等对材料强度和刚度要求较高的部位，考虑使用碳纤维作为增强材料。此种设计技术不仅可以提高叶片的承载能力，由于碳纤维具有导电性，也可以有效地避免雷击对叶片造成的损伤。

海上风机在工作过程中，风机叶片要承受强大的风载荷、气体冲刷、砂石粒子冲击、紫外线照射、盐雾腐蚀等外界作用。为了提高复合材料叶片的承担载荷、耐腐蚀和耐冲刷等性能，需对树脂基体系统进行精心设计和改进，采用性能优异的环氧树脂代替不饱和聚酯树脂，改善玻璃纤维/树脂界面的黏结性能，提高叶片的承载能力，扩大玻璃纤维在大型叶片中的应用范围。同时，为了提高复合材料叶片在恶劣工作环境中长期使用性能，可以采用耐紫外线辐射的新型环氧树脂材料。

4.2.2　材料选型技术的发展

以最小的叶片重量获得最大的叶片面积，使得叶片具有更高的获能能力，叶片的优化设计技术显得十分重要，尤其是符合空气动力学要求的大型复合材料叶片的最佳外形设计和结构优化设计的重要性尤为突出，它是实现叶片的材料、工艺有效结合的技术支撑。另外，计算机仿真技术的应用也使得叶片的结构与层合板设计更加细化，有力地支持了最佳加工工艺参数的确定。

早在 1920 年，德国的物理学家贝茨就对风力发电叶片进行过详细的计算分析。基于当时的计算条件和对风力发电叶片的认识,Betz 在叶片计算时采用了一些假设条件。随着计算机技术发展,仿真手段的显著提高,风力发电技术得以快速发展,人们对风力发电叶片的认识和理解也逐渐深入。尤其是 2010 年以后,我国研究人员对风力发电机组叶片进行了多次现场载荷、声音和动力测量,发现叶片的理论预测值与实际记录值有较大的偏离。这可能是由于过多地相信了风洞试验,而对叶片服役期间可能遇到的较强动态环境和湍流条件考虑不足造成的。因此,国内研究机构对之前的叶片计算假设条件提出了质疑和修正。

流体动力学计算软件的改进使得研究人员能够更精确地模拟叶片实际的受力状态。在此基础上,通过进一步改善叶片的空气动力学特性,即使叶片在旋转速度降低 5% 的情况下,捕风能力仍可以提高 5%,随着叶片旋转速度的降低,叶片运行的噪声大约可以降低 3 dB。同时,较低的叶片旋转速度要求的运行载荷也较低,旋转直径可以相应地增加。丹麦的 LM 公司在 61.5 m 复合材料叶片样机的设计中对其叶片根部固定进行了改进,尤其是固定螺栓与螺栓孔周围区域。这样,在保持现有根部直径的情况下,能够支撑的叶片长度可比改进前增加 20%。另外,LM 公司的叶片预弯曲专有技术也可以进一步降低叶片重量和提高产能。2016 年,德国的 Enercon 公司基于风机叶片材料选型技术,尝试将风力发电机的旋转直径由 30 m 增加到 33 m,复合材料叶片长度也随着进行了增加设计。由于叶片长度的增加,叶片转动时扫过的面积增大,捕风能力可以提高 25%。Enercon 公司还对 33 m 叶片进行了空气动力试验,经过精确的测定,叶片的实际气动效率为 56%,比按照 Betz 计算的最大气动效率低 3%~4%。为此,该公司对大型叶片外形型面和结构都进行了必要的改进,包括为了抑制生成扰流和旋涡,在叶片端部安装“小翼”;为改善和提高涡轮发电机主舱附近的捕风能力,对叶片根茎进行重新改进,缩小叶片的外形截面,增加叶径长度;对叶片顶部和根部之间的型面进行优化设计。在此基础上,Enercon 公司开发出旋转直径 71 m 的 2 MW 风力发电机组,改进后叶片根部的获能能力显著提高。Enercon 公司在 4.5 MW 风力发电机组设计中继续采用此项技术,旋转直径为 112 m 的叶片端部仍安装倾斜“小翼”,使得叶片单片的运行噪声小于 3 个叶片(旋转直径为 66 m)运行时产生的噪声。

4.2.3 风机叶片的加工工艺

随着海上风机功率的不断提高,复合材料叶片也做得越来越大。为了保证发电机运行平稳和海床基础安全,不仅要求叶片的质量轻,也要求叶片的质量分布必须均匀、外形尺寸精度控制准确、长期使用性能可靠。若要满足上述要求,需要高水平的加工工艺技术来保证。

传统复合材料风机叶片多采用手糊工艺(hand lay-up)制造。手糊工艺的主要特点在于手工操作、开模成型(成型工艺中树脂和增强纤维需完全暴露于操作者和环境中)、生产效率低及树脂固化程度(树脂的化学反应程度)往往偏低,适合产品批量较小、质量均匀性要求较低的复合材料制品的生产。因此,手糊工艺生产风机叶片的主要缺点是产品质量对工人的操作熟练程度及环境条件依赖性较大,生产效率低,产品质量均匀性波动较大,产品的动静平衡保证性差,废品率较高。特别是对高性能的复杂气动外形和夹芯结构叶片,还往往需要黏结等二次加工,黏结工艺需要黏结平台或型架上来确保黏结面的贴合,生产工艺更加复杂和困难。手糊工艺制造的风机叶片在使用过程中出现问题往往是由于工艺过程中的含胶量不均匀、纤维/树脂浸润不良及固化不完全等引起的裂纹、断裂和叶片变形等。此外,手糊工艺往往还会伴有大量有害物质和溶剂的释放,有一定的环境污染问题。因此,目前国外的高质量复合材料风机叶片往往采用反应注射成型(RIM)、树脂成型(RTM)、缠绕及预浸料/热压工艺制造。其中 RIM 工艺投资较大,适宜中小尺寸风机叶片的大批量生产(>50 000 片/年);RTM 工艺适宜中小尺寸风机叶片的中等批量生产(5 000~30 000 片/年);缠绕及预浸料/热压工艺适宜大型风机叶片批量生产。

RTM 工艺的主要原理:首先在模腔中铺放好按性能和结构要求设计好的增强材料预成型体,采用注射设备将专用低黏度注射树脂体系注入闭合模腔,模具具有周边密封、紧固和注射及排气系统,以保证树脂流动顺畅,并排出模腔中的全部气体和彻底浸润纤维;同时模具有加热系统,可进行加热固化而成型复合材料构件。该工艺的主要特点有:

(1) 闭模成型,产品尺寸和外形精度高,适合成型高质量的复合材料整体构件(整个叶片一次成型)。

(2) 初期投资小(与 RIM 相比)。

(3) 制品表面光洁度高。

(4) 成型效率高(与手糊工艺相比),适合成型年产 20 000 件左右的复合材料制品。

(5) 环境污染小(有机挥发份小于 50 ppm,是唯一符合国际环保要求的复合材料成型工艺)。

由此可看出,RTM 工艺属于半机械化的复合材料成型工艺,工人只需将设计好的干纤维预成型体放到模具中并合模,随后的工艺则完全靠模具和注射系统来完成和保证,没有任何树脂的暴露,因此对工人的技术和环境的要求远远低于手糊工艺,并可有效地控制产品质量。RTM 工艺采用闭模成型工艺,特别适宜一次成型整体的风力发电机叶片(纤维、夹芯和接头等可一次模腔中成型),而无需二次黏结。与手糊工艺相比,不但节约了黏结工艺的各种工装设备,还节约了工作时间,提高了生产效率,降低了生产成本。同时由于采用了低黏度树脂浸润纤维及加温固化工艺,大大提高了复合材料质量和生产效率。RTM 工艺较少依赖工人的技术水平,其工艺质量仅仅依赖确定好的工艺参数,产品质量易于保证,产品的废品率低于手糊工艺。

RTM 工艺与手糊工艺的区别还在于,RTM 工艺的技术含量高于手糊工艺。无论是模具设计和制造、增强材料的设计和铺放、树脂类型的选择与改性、工艺参数(如注射压力、温度、树脂黏度等)的确定与实施,都需要在产品生产前通过计算机模拟分析和试验验证来确定,从而有效保证质量的一致性。这对生产风机叶片这样的动部件十分重要。

4.3 风机主传动发电系统设计技术

4.3.1 系统组成与工作原理

风电机组系统的结构设计内容主要包括叶片、轮毂、偏航系统、主轴、主轴承、齿轮箱、刹车系统、液压系统、机舱及塔架的结构设计。其主传动发电系统又由轮毂、主轴、齿轮箱、联轴器、制动器、发电机等部件组成,通常除了以上介绍的主传动发电系统部件,还包括塔架和机舱底盘等配件。

风电机组是一个利用风能转化为机械能,再转化为电能的系统。风轮(叶片和轮毂组成)在风的作用下旋转,将风能转换成风轮的旋转机械能,将轮毂的扭矩通过主轴传递给增速箱,通过增速箱轮的增速来实现发电机发电的需求。

4.3.2 系统布置形式

风机可分为两类:①水平轴风机,风轮的旋转轴与风向平行;②垂直轴风机,风轮的旋转轴垂直于地面或气流方向。对于风机,多采用升力型水平轴风机,因为大多数水平轴风机具有对风装置,能随风向改变而转动,所以采用此类型风机。

风电机组的主传动发电系统主要有以下几种形式:

(1)一字形(图4-3)。这种布置形式是风力发电机组中采用最多的形式,其主要特点是对中性好,负载分布均匀;缺点是占轴线长,可能使主轴太短,主轴承载荷较大。

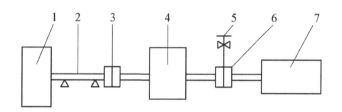

图4-3 一字形

1—轮毂;2—主轴;3、6—联轴器;4—增速箱;5—制动器;7—发电机

(2)回流式(图4-4)。其主要特点是可以缩短机舱长度,增加主轴长度,减少塔架负载的不均衡。

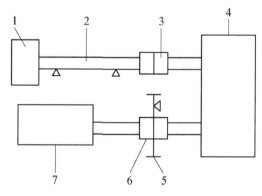

图4-4 回流式

1—轮毂;2—主轴;3、6—联轴器;4—增速箱;5—制动器;7—发电机

(3) 分流式(图 4-5)。这种形式比较少见,一般在设计中不采用。

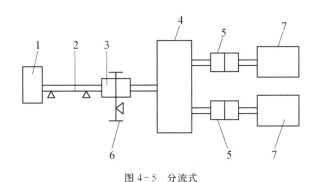

图 4-5　分流式
1—轮毂;2—主轴;3、5—联轴器;4—增速箱;6—制动器;7—发电机

4.3.3　系统主要部件设计技术

4.3.3.1　轮毂

轮毂是连接风机叶片与传动主轴的重要部件,承受了风环境载荷作用在叶片上的推力、扭矩、弯矩及陀螺力矩。通常轮毂的形状为三通型或三角形。叶片轮毂的作用是传递叶轮的力和力矩到传动机械结构中去,由此叶片上的载荷可以传递到机舱或塔架上。轮毂的结构主要如图 4-6 和图 4-7 所示。其结构可以采用铸造结构,也可以采用焊接结构,其材料可以采用铸钢,也可以采用高强度球墨铸铁。由于高强度球墨铸铁具有不可替代的优越性,如铸造性能好、容易铸成、减振性能好、应力集中、敏感性低、成本低等,故在风力发电机组中大量采用高强度球墨铸铁作为轮毂的材料。

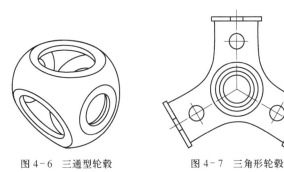

图 4-6　三通型轮毂　　　　图 4-7　三角形轮毂

一般常用的轮毂形式有以下几种:

(1) 刚性轮毂。刚性轮毂的制造成本低、维护量小、没有磨损,三叶片风轮大部分采用这种轮毂,是目前使用最广泛的一种形式。但它要承受所有来自风轮的力和力矩,相对来讲,承受风轮载荷高,后面的机械承载大,结构上有三角形和球形等形式。

(2) 铰链式轮毂。铰链式轮毂常用于单叶片和双叶片风轮,铰链轴及风轮旋转轴相互垂直,叶片在挥舞方向、摆振方向和扭矩方向上都可以自由活动,也可以称为柔性轮毂。铰链式轮毂具有活动部件,相对于刚性轮毂来说,制造成本高、可靠性相对较低、维护费用高,与刚性轮毂相比所受的力和力矩较小。对于双叶片风轮,两个叶片之间是刚性连接的,可绕联轴节活动。当来流在上下有变化或出现阵风时,叶片上的载荷可以使叶片离原风轮旋转平面。

4.3.3.2 传动主轴

在风电机组中,主轴承担了支撑轮毂传递过来的各种负载作用,并将扭矩传递给增速箱,将轴向力、气动弯矩传递给机舱、塔架。在结构允许的条件下,通常将主轴尽量设计得保守一些。主轴的主要结构一般有以下两种,如图4-8所示。

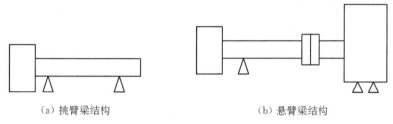

(a) 挑臂梁结构　　　　　(b) 悬臂梁结构

图4-8 主轴示意图

图4-8a 传动主轴由两个调向滚柱轴承支撑。图4-8b 传动主轴上的一个支撑为轴承架,另两个支撑为齿轮箱,也就是所谓的三点式支撑。悬臂梁结构的优点是前支点为刚性支撑,后支点(齿轮箱)为弹性支撑,这种结构能吸收来自叶片的突变负载。传动主轴的疲劳强度校核判断根据为 $S \geqslant [S]$。当校核不能满足要求时,应改进轴的结构降低应力集中,其主要措施可采用热处理、表面强化处理等工艺措施,以及加大轴径、改用较好材料等方法。

危险截面安全系数 S 的校核计算公式为

$$S = \frac{S_\sigma S_\tau}{\sqrt{S_\sigma^2 + S_\tau^2}} \geqslant [S] \qquad (4-21)$$

式中　S_σ——只考虑弯矩作用时的安全系数;

　　　S_τ——只考虑扭矩作用时的安全系数;

　　　$[S]$——按疲劳强度计算的许用安全系数。

$$S_\sigma = \frac{\sigma_{-1}}{\frac{K_\sigma}{\beta\varepsilon_\sigma}\sigma_\varepsilon + \varphi_\sigma\sigma_m}; \quad S_\tau = \frac{\tau_{-1}}{\frac{K_\tau}{\beta\varepsilon_\tau}\tau_\varepsilon + \varphi_\tau\tau_m} \qquad (4-22)$$

式中　σ_{-1}——对称循环应力下的材料弯曲疲劳极限(MPa);

　　　τ_{-1}——对称循环应力下的材料扭转疲劳极限(MPa);

　K_σ、K_τ——弯曲和扭转时的有效应力集中系数;

　　　β——表面质量系数;

　φ_σ、φ_τ——材料拉伸和扭转的平均应力折算系数;

σ_ε、σ_m——弯曲应力的应力副和平均应力（MPa）;

τ_ε、τ_m——扭转应力的应力副和平均应力（MPa）。

4.3.3.3　齿轮箱

风电机组中的齿轮箱是一个重要的机械部件,其主要功能是将叶轮在风力作用下所产生的动力传递给发电机,并使其得到相应的转速。风轮的转速很低,远达不到发电机发电的要求,必须通过齿轮箱齿轮副的增速作用来实现,故也将齿轮箱称为增速箱。

由于海上风电机组安装在近海海滩、远海海面等风口处,受无规律的变向变载荷的风力作用及强阵风的冲击,常年经受酷暑、严寒和极端温差的影响,加之所处的自然环境交通不便,齿轮箱安装在塔顶的狭小空间内,一旦出现故障,修复非常困难,故对其可靠性和使用寿命比一般的机械有更高的要求。

1）齿轮箱种类

风电机组齿轮箱的种类很多,按照传统类型可以分为圆柱齿轮箱、行星齿轮箱和组合齿轮箱;按照传动的级数可分为单级和多级齿轮箱;按照传动的布置形式又可以分为展开式、分流式、同轴式和混合式等。常用的齿轮箱形式、特点和应用如下:

（1）两级圆柱齿轮传动:

① 展开式:如图 4-9 所示,传动比 $i=6\sim80$,这种传动形式结构简单,但齿轮相对于轴承的位置不对称,因此要求传动轴有较大的刚度。高速级齿轮布置在远离转矩输入端,这样传动轴在转矩作用下产生的扭矩变形可部分互相抵消,以减缓沿齿宽载荷分布不均匀的现象。该形式适用于载荷比较平稳的场合。高速级一般做成斜齿,低速级可做成直齿。

② 分流式:如图 4-10 所示,传动比 $i=6\sim80$,这种结构复杂,但由于齿轮相对于传动轴承对称布置,与展开式相比,载荷沿齿宽分布均匀、传动轴承受载较均匀。中间轴危险截面上的转矩只相当于轴所传递转矩的一半。该形式适用于变载荷的场合。高速级一般用斜齿,低速级可用直齿或人字齿。

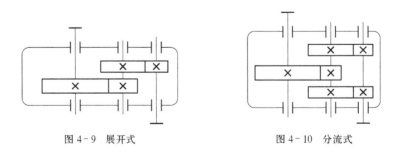

图 4-9　展开式　　　　　　　　图 4-10　分流式

③ 同轴式:如图 4-11 所示,传动比 $i=6\sim80$,这种传动形式减速器横向尺寸较小,两对齿轮侵入油中深度大致相同,但轴向尺寸和重量较大,且中间轴较长、刚度差,使沿齿宽载荷分布不均匀,高速轴的承载能力难于充分利用,两级圆柱齿轮传动同轴。

④ 同轴分流式：如图 4-12 所示，传动比 $i=6\sim80$，这种传动形式每对啮合齿轮仅传动全部载荷的一半，输入轴和输出轴只承受扭矩，中间轴只承受全部载荷的一半，故与传递同样功率的其他减速器相比，轴颈尺寸可以缩小。

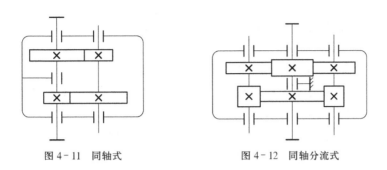

图 4-11　同轴式　　　　　　　图 4-12　同轴分流式

（2）行星齿轮传动：

① 单级 NGW：如图 4-13 所示，传动比 $i=2.8\sim12.5$，与普通圆柱齿轮减速器相比，尺寸小、重量轻，但制造精度要求较高，结构较复杂，在要求结构紧凑的动力传动中使用广泛。

② 两级 NGW：如图 4-14 所示，传动比 $i=14\sim160$，特点与应用与单级 NGW 相同。

③ 一级行星两级圆柱齿轮传动混合式：如图 4-15 所示，传动比 $i=20\sim80$，低速轴为行星传动，使功率分流，同时合理应用了内啮合。末二级为平行轴圆柱齿轮的传动，可合理分配减速比，提高传动效率。

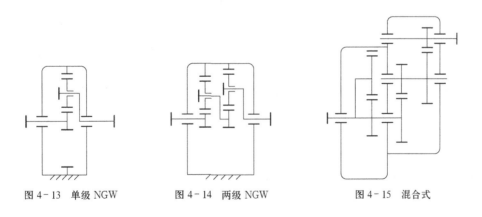

图 4-13　单级 NGW　　　图 4-14　两级 NGW　　　　图 4-15　混合式

2）齿轮箱的箱体设计技术

齿轮箱的设计必须保证在满足可靠性和预期寿命的前提下，使结构简化且重量最轻。根据风电机组的要求，选用合理的设计参数，排定最佳传动方案，选择稳定可靠的结构构件和具有良好力学特性及在环境温差下仍然保持稳定的材料，配备完整充分的润滑、冷却系统和监控装置等，是设计齿轮箱的关键技术。

箱体是齿轮箱的重要部件，它承受来自叶轮的作用力和齿轮传动时产生的反力。

箱体必须具有足够的刚性去承受力和力矩的作用,防止变形,保证传动质量。箱体的设计按照风电机组动力传动的布局、加工和装配、检查及维护等要求来进行。注意传动轴承支撑和机座支撑的不同方向的反力及其相对值,选取合适的支撑结构和壁厚,增设必要的加强筋。加强筋的位置须与引起箱体变形的作用力方向一致。采用铸铁箱体可发挥其减振性,易于切削加工等特点。常用的材料有球墨铸铁。铸造箱体时应尽量避免壁厚突变,减小壁厚差,以免产生缩孔和疏松等缺陷。为减小机械加工过程和使用中的变形,防止出现裂纹,应进行退火、时效处理,以消除内应力。为了便于装配和定期检查齿轮的啮合情况,在箱体上设有观察窗。机座旁设有连体吊钩,供起吊整台齿轮箱用。箱体支座的凸缘具有足够的刚性,尤其是作为支撑座的耳孔和摇臂支座孔的结构。为了减小齿轮箱传动到机舱机座的振动,齿轮箱可安装在弹性减振器上。箱盖上还应设有透气罩、油标或油位指示器。在相应部位设有注油器和放油孔。

3)齿轮箱的齿轮设计技术

风电机组齿轮箱的主要承载零件是齿轮,其齿轮的失效形式主要是轮齿折断和齿面点蚀、剥落,故各种标准和规范都要求对齿轮的承载能力进行分析计算,常用的标准是《直齿轮和斜齿轮承载能力计算(第 5 部分)》(GB/T 3480.5—2008)中规定的齿根弯曲疲劳和齿面接触疲劳校核计算,对轮齿进行了极限状态分析。

(1)齿轮传动设计参数的选择:

① 齿形角 α(分度圆压力角)的选择,齿轮的标准齿形角为 20°。采用大齿形角(23°、25°、28°等)可以提高强度,使轮齿的齿厚及节点处的齿廓曲率半径增大,从而提高承载能力,但会增大轴承上的载荷。采用小齿形角(<20°)时,可使避免根切的最少齿数增多,加大了重合度,从而降低噪声和动载荷,但会减小轮齿的强度。

② 模数 m 的选择。在满足轮齿弯曲强度的条件下,选用较小的模数可以增大齿轮副的重合度,减小滑动率,也可以减小齿轮切削量,降低制造成本。但随之而来的因制造和安装的质量问题会增大轮齿折断的危险,故实际使用常常选用较大模数。

③ 齿数 Z。受齿轮根切的限制,小齿轮有最少齿数的要求。对于尺寸一定的齿轮,齿数加和模数减小可明显提高传动质量,故在满足轮齿弯曲强度的条件下,应尽量选用较多齿数。

④ 螺旋角 β。β 角太小,将失去斜齿轮的优点;取大值,可增大重合度,使传动平稳性提高,但会引起很大的轴向力,一般取 8°~15°。对于普通圆柱齿轮传动,低速级转速低扭矩大,可采用直齿轮;中间级通常取 8°~12°;高速级为减少噪声,可取较大的口角,如 10°~15°。

⑤ 齿宽 B。齿宽是决定齿轮承载能力的主要尺寸之一,但齿宽越大,载荷沿齿宽分布不均匀的现象越严重。齿轮应给定一个最小齿宽,以保证齿轮足够的刚度。

(2)齿轮加工:

① 渗碳淬火。通常齿轮加工处理的方法是渗碳淬火,齿表面硬度达到 HRC60+/-2,同时规定随模数大小而变化的硬化层深度要求,具有良好的抗磨损接触强度,轮齿芯部具有相对较低的硬度和较好的韧性,能提高抗弯曲强度。渗碳淬火后获得较理想的残余应力,它可以使齿轮最大拉应力区的应力减小。因此,对齿根部通常保留热处理

后的表面,在磨齿时不磨去齿根部分。

② 齿形加工。为了减轻齿轮副啮合时的冲击,降低噪声,需要对齿轮的齿形齿向进行修形。在一对齿轮副中,小齿轮的齿宽比大齿轮略大一些,这主要是为了补偿轴向尺寸变动和便于安装。

(3) 齿轮与轴的连接:

① 平键连接。常用于具有过盈配合的齿轮或联轴节的连接。由于键是标准件,故可根据连接的结构特点、使用要求和工作条件进行选择。

② 花键连接。通常这种连接是没有过盈的,因而被连接零件需要轴向固定。花键连接承载能力高、对中性好,但制造成本高,需要专用刀具加工。花键按其齿形不同,可分为矩形花键、渐开线花键和三角形花键三种。渐开线花键连接在承受负载的齿间的径向力能起到自动定心作用,使各个齿受力比较均匀,其加工工艺与齿轮大致相同,易获得较高的精度和互换性,故在风力发电齿轮箱中应用较广。

③ 胀紧套连接。利用轴、孔与锥形弹性套之间接触面上产生的摩擦力来传递动力,是一种无键连接方式,定心性好,装拆方便,承载能高,能沿周向和轴向调节轴与轮毂的相对位置,且具有安全保护作用。

4) 齿轮箱轴和轴承系统的设计技术

齿轮箱中的传动轴按其主动和被动关系可分为主动轴、从动轴和中间轴。首级主动轴和末级从动轴的外伸部分,与叶轮轮毂、中间轴或电机转动轴相连接。由于是增速传动,较大的传动比使轴上的齿轮直径较小,因而输出轴往往采用轴齿轮结构。为了保证轴的强度和刚度,允许轴的直径略小于齿轮顶圆,此时要留有滚齿、磨齿的退刀间距,尽可能避免损伤轴承轴颈。轴上各个配合部分的轴颈需要进行磨削加工。为了减少应力集中,对轴上台肩处的过渡圆角、花键向较大轴径过渡部分,均应做必要的抛光处理,以提高轴的疲劳强度。在过盈配合处,为减少轮毂边缘的应力集中,压合处的轴径应比相邻部分轴径加大5%。装在轴上的零件,轴向固定应可靠,工作载荷应尽可能用轴上的止推轴肩来承受,相反方向的固定则可利用螺母或其他紧固件。

齿轮箱的支撑中,大量应用滚动轴承,其特点是静摩擦力矩和动摩擦力矩都很小,即使载荷和速度在很宽范围内变化时也如此。滚动轴承的安装和使用方便,但是当轴的转速接近极限转速时,轴承承载能力和寿命急剧下降,高速工作时的噪声和振动都比较大。齿轮传动时,轴和轴承的变形引起齿轮和轴承内外圈轴线的偏斜,使轮齿上载荷分布不均匀,会降低传动的承载能力。由于载荷不均匀而使轮齿经常发生断齿的现象,在许多情况下又是由于轴承的质量和其他因素,如剧烈的过载而引起的。齿轮箱基本上都使用的是调心滚子轴承。调心滚子轴承有双列球面滚子,滚子轴线倾斜于轴承的旋转轴线。其外圈滚道呈球面形,因此滚子可在外圈滚道内进行调心,以补偿轴的挠曲和同心误差。这种轴承的滚道型面与球面滚子型面非常匹配。双排球面滚子在具有三个固定挡边的内圈滚道上滚动,中挡边引导滚子的内端面。当有滚子组件的内圈中向外摆动时,则由内圈的两个外挡边保持滚子。每排滚子均有一个黄铜实体保持。

4.3.3.4 双馈异步电机

同步发电机在稳态运行时,其输出端电压的频率与发电机的极对数及发电机转子

的转速有着严格固定的关系,即

$$f = \frac{pn}{60} \qquad (4-23)$$

式中　f——发电机输出电压频率(Hz);

　　　p——发电机的极对数;

　　　n——发电机旋转速度(r/min)。

在发电机转子变速运行时,同步发电机不可能发出恒频电能,由电机结构可知,绕子转子异步电机的转子上嵌装有三相对称绕组,根据电机原理知道,在三相对称绕组中通入三相对称交流电,则将在电机气隙内产生旋转磁场,此旋转磁场的转速与所通入的交流电的频率及电机的极对数有关,即

$$n_2 = \frac{60f_2}{p} \qquad (4-24)$$

式中　n_2——绕线转子异步电机转子的三相对称绕组通入频率为 f_2 的三相对称电流
　　　　　　后所产生的旋转磁场相对于转子本身的旋转速度(r/min);

　　　p——绕线转子异步电机的极对数;

　　　f_2——绕线转子异步电机转子三相绕组通入的三相对称交流频率(Hz)。

由式(4-24)可知,改变频率 f_2,即可改变 n_2,而且若改变通入转子三相电流的相序,还可以改变此转子旋转磁场的转向。因此,若设 n_1 为对应于电网频率为 50 Hz,即 $f_1 = 50$ Hz 时异步发电机的同步转速,而 n 为异步电机转子本身的旋转速度,则只要维持 $n \pm n_2 = n_1 =$ 常数,见式(4-25),则异步电机定子绕组的感应电势如同在同步发电机时一样,其频率将始终维持 f_1 不变。

$$n \pm n_2 = n_1 = 同步转速 \qquad (4-25)$$

异步电机的滑差率 $S = (n_1 - n)/n_1$,则异步电机转子三相绕组内通入的电流频率应为

$$f_2 = \frac{pn_2}{60} = \frac{p(n_1 - n)}{60} = \frac{pn_1}{60} \times \frac{n_1 - n}{n_1} = f_1 S \qquad (4-26)$$

式(4-26)表明,在异步电机转子以变化的转速转动时,只要在转子的三相对称绕组中通入滑差频率(即 S)的电流,则在异步电机的定子绕组中就能产生 50 Hz 的恒频电势。

4.3.3.5　机舱底盘

风电机组的机舱除了承担容纳所有机械部件外,还承受所有外力(包括静负载及动负载)的作用。尤其是现在风力发电机组为了获得更多的风能,往往将塔架高度提得很高,对机舱强度的要求更为苛刻,特别是对机舱底盘的结构设计要求较高。

1)机舱底盘的分类及选用

机舱底盘一般分类如下:

(1)按制造方法及材料可分为铸造机舱底盘、焊接机舱底盘两类。

(2) 按结构形状可分为梁式机舱底盘、框架式机舱底盘、箱式机舱底盘三类。

焊接机舱底盘具有强度和刚度、重量轻、生产周期短及施工简单等优点，因此在风力发电机组中采用焊接机舱底盘。

2）机舱底盘设计要求

机舱底盘的设计主要应保证刚度、强度及稳定性。机舱底盘强度和刚度都要从静态和动态两个方面考虑。动刚度是衡量机舱底盘抗震能力的指标，而提高机舱底盘抗振性能力从提高机舱底盘构件的静刚度、控制固有频率、加大阻尼等。

机舱底盘设计的一般要求：

(1) 在满足刚度及强度的前提下，机舱底盘应尽量轻、成本低。

(2) 抗震性好。

(3) 机构设计合理，工艺性良好，便于焊接和机械加工。

(4) 结构力求便于安装与调整，方便修理和更换零部件。

(5) 造型好，使之既适用经济，又美观大方。

3）机舱底盘的材料

焊接机舱底盘多采用 Q235 板材。为了保持尺寸稳定、消除内应力，焊接后必须进行热处理，第一次热处理安排在焊接完成后，第二次热处理安排在粗加工之后进行。

4.4 液压变桨距控制系统设计技术

液压独立变桨距系统作为海上风电机组控制系统的关键部分，对机组的安全、稳定、高效运行具有十分重要的作用。

4.4.1 液压变桨距控制系统介绍

随着叶片长度和体积的增大，大型风电机组叶片的重量也越来越大，叶片进行变桨时所用到的力矩也变大，而液压控制系统具有传动力矩大、重量轻、刚度大、定位精确、液压执行机构动态响应速度快等优点，能够保证更加快速、准确地把叶片调节至预定节距。在目前国内运行的大型风力发电机组的变桨距装置仍有一部分采用液压系统作为动力系统。

图 4-16 所示为变桨距风力发电机的简图。调速装置通过增大桨距角的方式减小由于风速增大使叶轮转速加快的趋势。当风速增大时，变桨距液压缸动作，推动叶片向桨距角增大的方向转动，使叶片吸收的风能减少，维持风轮运转在额定转速范围内。当风速减小时，实行相反操作，实现风轮吸收的功率能基本保持恒定。目前，国内生产和运行的大型风力发电机的变距装置大多采用液压系统传递动力。

图 4-17 所示为变桨距控制器的原理图。在发动机并入电网之前，由速度控制器根据发动机的转速反馈信号进行变桨距控制，根据转速及风速信号来确定桨叶处于待机或顺桨位置；发动机并入电网之后，功率控制器起作用，功率调节器通常采用 PI 或 PID 控制，功率误差信号经过 PI 运算后得到桨距角位置。当风力机在停机状态时，桨

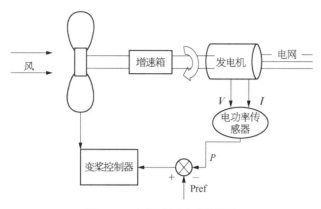

图 4-16 变桨距风力发电机简图

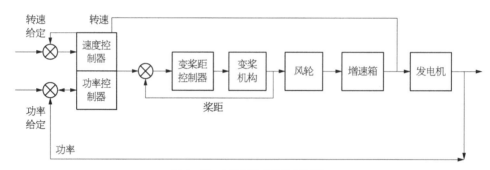

图 4-17 变桨距风力机控制框图

距角处于 90°的位置,这时气流对桨叶不产生转矩,当风力机由停机状态变为运行状态时,桨距角由 90°以一定速度(约 1°/s)减小到待机角度(系统中为 15°);若风速达到并网风速,桨距角继续减小到 3°(桨距角在 3°左右时具有最佳风能吸收系数);发电机并上电网后,当风速小于额定风速时,使桨距角保持在 3°不变;当风速高于额定风速时,根据功率反馈信号,控制器向比例阀输出 $-10 \sim +10$ V 电压,控制比例阀输出流量的方向和大小。变桨距液压缸按比例阀输出的流量和方向来操纵叶片的桨距角,使输出功率维持在额定功率附近。若出现故障或有停机命令时,控制器将输出迅速顺桨命令,使得风力机能快速停机,顺桨速度可达 20°/s。

全球投入商业运行的兆瓦级以上风力发电机均采用了变桨距技术,变桨距控制与变频技术相配合,提高了风力发电机的发电效率和电能质量,使风力发电机在各种工况下都能够获得最佳的性能,减少风力对风机的冲击,它与变频控制一起构成了兆瓦级变速恒频风力发电机的核心技术。液压变桨系统具有单位体积小、重量轻、动态响应好、转矩大、无需变速机构且技术成熟等优点。

4.4.2 变桨距风力发电机组的运行状态设计

变桨距风力发电机组根据变距系统所起的作用可分为三种运行状态,即风力发电机组的起动状态(转速控制)、欠功率控制(不控制)和额定功率状态(功率控制)。

1) 起动状态

变桨距风轮的桨叶在静止时,节距角为90°,气流对桨叶不产生转矩,当风速达到起动风速时,桨叶向0°方向转动,直到气流对桨叶产生一定的攻角,风轮起动。在发电机并入电网以前,变距系统的节距给定值由发电机的转速信号控制。转速控制器按一定的速度上升斜率给出速度参考值,变桨距系统根据给定的速度参考值,调整桨叶节距角,进行速度控制。

2) 欠功率状态

欠功率状态是指发电机并入电网后,由于风速低于额定风速,发电机在额定功率以下的低功率状态运行。为了改善低风速时的风轮气动特性,即根据风速的大小,调整发电机的转差率,使其尽量运行在最佳叶尖速比上,以优化功率输出。

3) 额定功率状态

当风速达到或超过额定风速后,风力发电机组进入额定功率状态。在传统的变桨距控制方式中,将转速控制切换为功率控制,变距系统开始根据发电机的功率信号进行控制。功率反馈信号与额定功率进行比较,功率超过额定功率时,桨叶节距向迎风面积减少的方向转动一个角度,反之则向迎风面积增大的方向转动一个角度。

由于变桨距系统的响应速度受到限制,对快速变化的风速,通过改变节距来控制输出功率的效果并不理想。因此,为了优化功率曲线,最新设计的变桨风力发电机组在进行功率控制的过程中,其功率反馈信号不再作为直接控制桨叶节距的变量。变桨距系统由风速低频分量和发电机转速控制,风速的高频分量产生的机械能波动,通过迅速改变发电机的转速来进行平衡,即通过转子电流控制器对发电机转差率进行控制,当风速高于额定风速时,允许发电机转速升高,将瞬变的风能以风轮动能的形式储存起来;转速降低时,再将动能释放出来,使功率曲线达到理想的状态。

4.4.3　液压控制变桨系统设计

液压变桨系统的连续变桨过程是由液压比例阀控制液压油的流量大小来进行位置和速度控制的。当风机停机或紧急情况时,为了迅速停止风机,桨叶将快速转动到90°,让风向与桨叶平行,使桨叶失去迎风机变桨调节。风机的变桨作业大致可分为两种工况,即正常运行时的连续变桨和停止(紧急停止)状态下的全顺桨。风机开始启动时桨叶由90°向0°方向转动,以及并网发电时桨叶在0°风面;二是利用桨叶横向拍打空气来进行制动,以达到迅速停机的目的,这个过程叫全顺桨。液压系统的全顺桨是由电磁阀全导通液压油回路进行快速顺桨控制的。

液压变桨系统由电动液压泵作为工作动力,液压油作为传递介质,电磁阀作为控制单元,通过将油缸活塞杆的径向运动变为桨叶的圆周运动来实现桨叶的变桨距。变桨距伺服控制系统的原理如图4-18所示。变桨距控制系统由信号给定、比较器、位置(桨距)控制器、速率控制器、D/A转换器、执行机构和反馈回路组成。

在液压变距型风机中根据驱动形式的差异可分为叶片单独变距和统一变距两种类型,前者三个液压缸布置在轮毂内,以曲柄滑块的运动形式分别给三个叶片提供变距驱动力,因为变距过程彼此独立,一组变距出现故障后,机组仍然可以通过调整其余两组

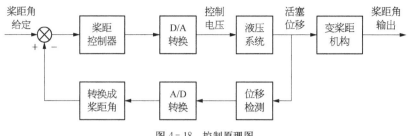

图 4-18　控制原理图

变距机构完成空气动力制动。因此这种设计可靠性较高,但是由于三组液压缸位于轮毂内部与液压泵之间有相对转动,为此需要加装旋转接头,此外该系统需要精确的同步变距控制以避免各叶片桨距角的差异。统一变距类型通过一个液压缸驱动三个叶片同步变桨距,液压缸放置在机舱里,活塞杆穿过主轴与轮毂内部的同步盘连接。

变距机构工作原理过程如下:控制系统根据当前风速,通过预先编制的算法给出电信号,该信号经液压系统进行功率放大,液压油驱动液压缸活塞运动,从而推动推杆、同步盘运动,同步盘通过短转轴、连杆、长转轴推动偏心盘转动,偏心盘带动叶片进行变距。

5

海上风机基础防腐保护技术

海上风电机组由于所处海洋环境恶劣,具有高盐度、高温度及高风速的特点,防腐保护技术直接关系到风机基础的安全使用。本章从海洋环境分析出发,主要介绍海上风电机组基础的易腐蚀分区特点、腐蚀类型、影响因素及防腐措施等内容。

5.1 海上风电机组基础的腐蚀发生机理

海上风电场与海港码头、跨海大桥、海洋采油平台等大型海上构筑物所处的环境条件类似,受到强风、海浪、海流、低温地区冰棱等环境因素的作用。因此,采取长期有效的防腐保护技术,对于确保海上风电机组基础的安全具有十分重要的意义。

5.1.1 海上风机结构腐蚀特点

由于材料的力学行为会随暴露条件(海洋环境)的不同而发生很大的变化,海洋腐蚀通常按所涉及的具体环境区域来讨论。这些区域是海洋大气区、飞溅区、潮差区、全浸区和海泥区,如图 5-1 所示。从海洋大气到海泥的不同海洋环境区域,各种环境因素变化很大,对钢结构及混凝土结构的腐蚀作用也有所不同。

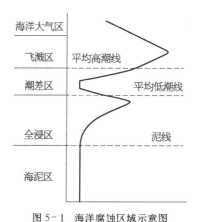

图 5-1 海洋腐蚀区域示意图

1) 海洋大气区腐蚀

海洋大气区是指海面飞溅区以上的大气区和沿岸大气区,具有比普通大气湿度大、盐分高、温度高及干、湿循环效应明显等特点。海洋大气湿度大,易在钢铁表面形成水膜,CO_2、SO_2 和一些盐分溶解在水膜中,形成导电良好的液膜电解质,是电化学腐蚀的有利条件。研究表明:海洋大气腐蚀环境远比内陆大气环境恶劣,海洋大气比内陆大气对钢铁的腐蚀程度要高 4~5 倍。

2) 飞溅区腐蚀

海洋飞溅区是指平均高潮线以上海浪飞溅所能湿润的区段。海洋飞溅区除了海盐含量、湿度、温度等大气环境中的腐蚀影响因素外,还要受到海浪的飞溅,飞溅区的下部还要受到海水短时间的浸泡,干湿交替频繁。由于波浪和海水飞溅,海水与空气充分接触,海水含氧量达到最大程度,飞溅区海水的冲击也加剧材料的破坏;此外,海水中的气泡对钢表面的保护膜及涂层来说具有较大的破坏性,漆膜在浪花飞溅区通常老化得更快。飞溅区是所有海洋环境中腐蚀最为严重的区段。

3)潮差区腐蚀

潮差区是指平均高潮位和平均低潮位之间的区域,该区段的特点是涨潮时被水浸没,退潮时又暴露在空气中,即干湿交替呈周期性的变化。在这一区域,建筑物处于干湿交替状态,淹没时产生海水腐蚀、物理冲刷及高速水流形成的空泡腐蚀作用导致腐蚀加速,退潮时产生湿膜下同大气区类似的腐蚀。此外,海洋生物能够栖居在潮差区内的建筑物表面上,附着均匀密布时能在钢表面形成保护膜减轻建筑物的腐蚀;局部附着时,会因附着部位的钢与氧难以接触而产生氧浓差电池,使得生物附着部位下面的钢产生强烈腐蚀。

4)全浸区腐蚀

水下全浸区是指常年低潮线以下直至海底的区域,根据海水深度不同分为浅海区(低潮线以下 20~30 m 范围)、大陆架全浸区(30~200 m 水深区)、深海区(>200 m 水深区)。浅海区海水流速较大,存在近海化学和泥沙污染,O_2、CO_2 处于饱和状态,生物活跃、水温较高,该区腐蚀以电化学和生物腐蚀为主,物理化学作用为次,该区钢的腐蚀比大气区和潮差区的腐蚀要严重。在大陆架全浸区,随着水的深度加深,含气量、水温及水流速度均下降,生物亦减少,钢腐蚀以电化学腐蚀为主,物理与化学作用为辅,钢腐蚀较浅海区轻。在深海区 pH<8,压力随水的深度增加,矿物盐溶解量下降,水流、温度充气均低,钢腐蚀以电化学腐蚀和应力腐蚀为主,化学腐蚀为次,钢腐蚀较轻。

5)海泥区腐蚀

海泥区是指海床以下部分。腐蚀环境十分复杂,既有土壤的腐蚀特点,又有海水的腐蚀行为。这一区域沉积物的物理性质、化学性质和生物性质都会影响腐蚀性。海底的沉积物通常含有细菌,其中硫酸盐还原菌会生成有腐蚀性的硫化物,加速钢铁腐蚀,但海泥区含氧量少,建筑物腐蚀比海水中缓慢。

5.1.2 海上风机基础腐蚀分区

海上风机基础结构通常由钢筋混凝土结构(重力式基础的墙身、胸墙及群桩承桩基础的承台等)和钢结构(导管架、钢管桩等)组成,容易受海水或带盐雾的海洋大气侵蚀。应根据预定功能和各部位所处的海洋环境条件进行海上风电机组基础区域划分。

1)钢结构腐蚀分区

海上风电机组基础中钢结构的暴露环境分为大气区、飞溅区、全浸区和内部区。大气区为飞溅区以上暴露于阳光、风、水雾及雨中的支撑结构部分;飞溅区为受潮汐、风和波浪影响,支撑结构处于干湿交替状态下的部分;飞溅区以下部位为全浸区,包括水中和海泥中两部分;内部区为封闭的不予外界海水接触的部分。飞溅区上限和下限均以平均海平面计,两者的计算公式为

$$SZ_U = U_1 + U_2 + U_3 \qquad (5-1)$$

式中　U_1——$0.6H_{1/3}$,$H_{1/3}$ 为重现期 100 年有效波高的 1/3(m);

U_2——最高天文潮位(m)；

U_3——基础沉降(m)。

$$SZ_L = L_1 + L_2 \qquad (5-2)$$

式中 L_1——$0.4H_{1/3}$，$H_{1/3}$ 为重现期 100 年有效波高的 $1/3$(m)；

L_2——最低天文潮位(m)。

2）混凝土结构腐蚀分区

根据《海港工程混凝土结构防腐蚀技术规范》(JTJ 275—2000)，海上风电机组基础混凝土结构部位划分为大气区、飞溅区、潮差区、全浸区和海泥区，具体划分见表 5-1。

表 5-1　海上风机基础的部位划分

划分类别	大气区	飞溅区	潮差区	全浸区	海泥区
按设计水位	设计高水位加（$\eta_0 + 1.0$ m）以上	大气区下界至设计高水位减 η_0 之间	飞溅区下界至设计低水位减 1.0 m 之间	潮差区下界至海泥面	海泥面以下
按天文潮位	最高天文潮位加 0.7 倍百年一遇有效波高 $H_{1/3}$ 以上	大气区下界至最高天文潮水位减百年一遇有效波高 $H_{1/3}$ 之间	飞溅区下界至最低天文潮水位减 0.2 倍百年一遇有效波高 $H_{1/3}$ 之间	潮差区下界至海泥面	海泥面以下

注：η_0 为设计高水位时的重现期 50 年 $H_{1\%}$（波列累计率为 1% 的波高）波峰面高度。

5.2　海上风电机组基础的腐蚀类型及影响因素

5.2.1　钢结构基础

1）腐蚀类型

钢结构基础的腐蚀是一个电化学过程，即钢材中的铁在腐蚀介质中通过电化学反应被氧化成正的化学价状态。在电化学腐蚀过程中，钢材中的铁元素作为腐蚀电池的阳极释放电子形成铁离子，经过一系列的反应最终形成铁锈。反应生成的 $Fe(OH)_2$ 经过后续的一系列反应生成 $Fe(OH)_3$，最终脱水生成铁锈的主要成分 Fe_2O_3。铁锈疏松、多孔，体积约膨胀四倍。

（1）均匀腐蚀。均匀腐蚀系指金属与介质相接触的部位，均匀地遭到腐蚀损坏。这种腐蚀损坏的结果是使金属尺寸变小和颜色改变。由于海洋钢结构的各部位是长期稳定地处于相对海洋环境各个区域内，所以各部位的钢材都会出现程度不同的均匀腐蚀。均匀腐蚀的危险性相对较小，可以根据腐蚀速度和结构所要求的使用寿命，在设计钢结构构件时增加一定的厚度裕量加以弥补。

5

海上风机基础防腐保护技术

（2）局部腐蚀。局部腐蚀是指金属与介质相接触的部位中，遭到腐蚀破坏的仅是一定的区域（点、线、片）。局部腐蚀大多将会导致结构的脆性破坏，降低结构的耐久性，局部腐蚀危害比均匀腐蚀大得多。局部腐蚀按照条件、机理和表现特征划分主要有电偶腐蚀、缝隙腐蚀、点蚀和腐蚀疲劳等。

① 电偶腐蚀。电偶腐蚀是指两种不同金属在同一种介质中接触，由于它们的腐蚀电位不等，形成了很多原电池，使电位较低的金属溶解速度增加，造成接触处的局部腐蚀，电位较高的金属，溶解速度反而减缓。通常两种金属的电位差愈大，则电偶中的阳极金属侵蚀得愈快。某些钢结构构件由两种不同钢种组成，在其连接处有时会发生电偶腐蚀。

② 缝隙腐蚀。缝隙腐蚀指金属与金属或金属与非金属之间形成特别小的缝隙，使缝隙内的介质处于滞流状态，引起缝内金属的加速腐蚀。由于设计上的不合理或加工工艺等原因，会使许多构件产生缝隙：法兰连接面、螺母压紧面、焊缝气孔等与基体的接触面上会形成缝隙，另外泥沙、积垢、杂屑、锈层和生物等沉积在构件表面上也会形成缝隙。

③ 点蚀。金属表面局部区域内出现向深处发展的腐蚀小孔称为点蚀。蚀孔一旦形成，具有"探挖"的动力，即向深处自动加速进行的作用，因此点蚀是极大的隐患，具有极大的破坏性。

④ 腐蚀疲劳。在循环应力和腐蚀介质的联合作用下，一些部位的应力会比其他部位高得多，加速裂缝的形成，称为腐蚀疲劳。腐蚀疲劳时已产生滑移的表面区域的溶解速度比表面非滑移区要快得多。出现的微观缺口会在更大的范围内产生进一步的滑移运动，使局部腐蚀加快。这种交替的增强作用最终导致材料开裂。

（3）冲击腐蚀。钢对海水的流速是很敏感的。当速度超过某一临界点时，便会发生快速的侵蚀。在湍流情况下，常有空气泡卷入海水中，夹带气泡的高速流动海水冲击金属表面时，破坏保护膜，造成金属的局部腐蚀。

（4）空泡腐蚀。若周围的压力降低到海水相应温度下的蒸汽压，海水就会沸腾。在高速状态下，蒸汽泡形成，但海水向下流到某处时气泡又会重新破裂。这些蒸汽泡的破裂而造成反复碎击，促成建筑物表面的局部压缩破坏。碎片脱落后，新的活化建筑物便暴露在腐蚀性的海水中。因此，海水中的空泡腐蚀造成的损坏通常使建筑物既受机械损伤，又受腐蚀损坏，该类腐蚀多呈蜂窝状形式。

2）影响因素

从钢结构基础腐蚀机理来看，海洋中钢结构腐蚀的影响因素主要有钢材及其表面因素和环境因素。

（1）钢材及其表面因素。不同的钢材其耐腐蚀性不同，改变钢材中合金元素的含量是改善钢材耐腐蚀性的一个重要途径。研究表明：铜、磷元素可改善钢材的耐腐蚀性。相同的钢材其表面状态不一样，腐蚀也不一样，粗糙、不平整的表面因易积水要比光滑表面容易腐蚀。

（2）大气湿度及温度对钢结构腐蚀的影响。海洋大气区具有比普通大气区湿度大、盐分高及温度高等特点。当大气中的相对湿度达到临界湿度时，大气中的水分在钢材表面凝聚成水膜,大气中的氧通过水膜进入钢材表面发生大气腐蚀。

(3)海水温度和含氧量对钢结构腐蚀的影响。随着海水中溶解氧的浓度增大,氧的极限扩散电流密度增大,腐蚀速度增大。海水的温度升高使溶解氧的扩散系数增大,加速腐蚀过程。因此,温度升高、含氧量增大会加剧钢结构的腐蚀。

(4)海水流速对钢结构腐蚀的影响。海水流速对钢结构腐蚀有较大影响。通常情况下,流速增加,可使扩散厚度减小,氧的极限扩散电流增加,因而腐蚀速度增大。许多金属(如钢、铸铁)对海水的流速很敏感,当速度越过某一临界点时,便会发生快速的侵蚀。

(5)生物污损对钢结构腐蚀的影响。当海洋生物较多时,海洋生物污损对钢结构腐蚀的影响起控制作用。海洋生物附着均匀密布时能在钢表面形成保护膜减轻建筑物的腐蚀。局部附着时,会因附着部位的钢与氧难以接触而产生氧浓差电池,使得生物附着部位下面的钢产生强烈腐蚀。

5.2.2 混凝土结构基础

1)腐蚀类型

海洋环境中混凝土结构腐蚀的主要类型有:氯离子侵蚀、碳化侵蚀、镁盐硫酸盐侵蚀及碱-骨料反应等。

(1)氯离子侵蚀。海水中的氯离子是一种穿透力极强的腐蚀介质,比较容易渗透进入混凝土内部,到达钢筋钝化膜的表面,取代钝化膜中的氧离子,造成钝化膜的破坏,成为活化态。在氧和水充足的条件下,活化的钢筋表面形成一个小阳极,大面积钝化膜区域作为阴极,结果阳极金属铁溶解,产生点蚀。

(2)碳化侵蚀。大气中的CO_2会通过混凝土微孔进入混凝土内部,与混凝土中的$Ca(OH)_2$反应生成$CaCO_3$,破坏混凝土的碱性环境,影响钝化膜的保持,最后$CaCO_3$又与CO_2作用转化为易溶于水的$Ca(HCO_3)_2$并不断流失,导致混凝土的强度降低,增加钢筋腐蚀的危险性,反应方程式如下:

$$CO_2 + H_2O = H_2CO_3$$
$$H_2CO_3 + Ca(OH)_2 = CaCO_3 + 2H_2O$$
$$CaCO_3 + CO_2 + H_2O = Ca(HCO_3)_2$$

(3)硫酸盐侵蚀。硫酸盐侵蚀是一种常见的化学侵蚀形式。海水中的硫酸盐与水泥石中的$Ca(OH)_2$起置换作用而生成石膏:

$$SO_4^{2-} + Ca(OH)_2 + 2H_2O \longrightarrow CaSO_4 \cdot 2H_2O + 2OH^-$$

生成的石膏在水泥石中的毛细孔内沉积、结晶,引起体积膨胀,使水泥石开裂,最后材层转变成糊状物或无黏结力的物质。

(4)镁盐侵蚀。海水中的Mg^{2+}离子能与硬化水泥石中的成分产生阳离子交换作用,使水泥中硅酸盐矿物水化生成的水化硅酸钙凝胶处于不稳定状态,分解出$Ca(OH)_2$,从而破坏水化硅酸钙凝胶的胶凝性造成混凝土的溃散。新生成物不再能起到"骨架"作用,使混凝土的密实度降低或软化。反应方程式如下:

$$Mg^{2+} + Ca(OH)_2 \longrightarrow Ca^{2+} + Mg(OH)_2$$

（5）混凝土碱-骨料反应。碱-骨料反应主要是指混凝土中的 OH^- 与骨料中的活性 SiO_2 发生化学反应，生成一种含有碱金属的硅凝胶。这种硅凝胶具有强烈的吸水膨胀能力，使混凝土发生不均匀膨胀，造成裂缝、强度和弹性模量下降等不良现象，从而影响混凝土的耐久性。

2）影响因素

影响混凝土结构腐蚀的因素主要包括混凝土材料特性、环境因素、保护层厚度及结构类型等。

（1）混凝土材料特性。混凝土是由水泥、水和骨料经搅拌、浇筑和硬化过程的一种水硬性建筑材料。防止混凝土腐蚀的最好的措施是获得良好的密实混凝土。水泥作为混凝土胶结材料，其物质组成和特性直接影响到混凝土的耐久性。

（2）环境因素。海洋钢筋混凝土结构腐蚀的严重程度跟其构件所处的位置有关。对于所有构件，由于氧气、盐和水的组合影响，在飞溅区腐蚀最为严重。大气区腐蚀相对较轻，全浸区腐蚀最轻。

（3）混凝土保护层厚度。混凝土保护层厚度对于阻止腐蚀介质接触钢筋表面起着重要作用。相关试验研究表明，当混凝土保护层厚度从 30 mm 增大到 40 mm 时，在六次干湿循环作用之后，重量损失率和腐蚀率都将减少 91% 左右。

（4）结构类型。混凝土结构宜尽量采用整体浇筑，少留施工缝。严格控制混凝土裂缝开展宽度，防止裂缝开展宽度过宽导致钢筋腐蚀。所有结构中，应尽可能避免出现凹凸部位。因为这些部位很容易受到冰冻和腐蚀的作用，并且这些部位的混凝土很难压实。

（5）钢筋腐蚀。钢筋锈蚀是混凝土结构耐久性退化的最主要原因，海水中的 Cl^- 比较容易渗透进入混凝土内部，到达钢筋钝化膜的表面，取代钝化膜中的氧离子，造成钝化膜的破坏，使原来被钝化膜保护着的金属基体暴露出来。

此外，大气中的 CO_2 会通过混凝土微孔进入混凝土内部，与混凝土中的 $Ca(OH)_2$ 反应生成 $CaCO_3$，破坏混凝土的碱性环境，影响钝化膜的保持，增加钢筋腐蚀的危险性。钢筋一旦被腐蚀，产生腐蚀产物，就会造成体积膨胀，体积发生 2～7 倍膨胀，结构造成破坏。

5.3 海上风电机组基础的防腐措施

5.3.1 钢结构基础的防腐措施

钢结构基础防腐措施主要有涂层保护、阴极保护、金属热喷涂及采用耐蚀材料。大型海上风电机组钢结构基础中，经常把涂层保护、金属热喷涂及阴极保护方法联合使用，以确保结构物的安全。

5.3.1.1 涂层保护

涂层保护是在钢材表面喷（涂）防腐蚀涂料或油漆涂料，防止环境中的水、氧气和氯离子等各种腐蚀性介质渗透到金属表面，使环境中的氧气和水等腐蚀剂与金属表面隔离,从而防止金属腐蚀。同时由于在涂层中添加了阴极性金属物质和缓蚀剂,则利用它们的阴极保护作用和缓蚀作用,进一步加强了涂层的保护性能。

涂层受环境破坏的形式主要是失光、变色、粉化、鼓泡、开裂和溶胀等,究其原因主要是由于涂层本身性能、环境条件及施工因素的影响。要确保涂层防腐效果,必须做到以下几点:

(1) 严格控制涂层前的表面处理质量。钢结构基础在除锈处理前,应仔细清除焊渣、毛刺、飞溅等附着物,并清除基体金属表面可见的油脂及其他污物。对于海上风电机组钢结构基础维修困难或受腐蚀较强的部位,必须采用喷射或抛射除锈处理。

(2) 正确选择涂层品种。在海洋环境中,根据不同的部位、不同的金属构件、不同的施工环境正确选用不同的涂层品种,是保证防腐蚀效果的另一个主要因素。大气区采用的防腐蚀涂料应具有良好的耐候性。飞溅区和潮差区采用的防腐蚀涂料应能适应干湿交替变化,并具有耐磨损、耐冲击、耐候的性能。全浸区和潮差区平均水位以下部位采用的防腐蚀涂料应能与阴极保护配套,具有较好的耐电位性和耐碱性。设计使用年限要求在 20 年以上的防腐涂装,应采用重防腐涂层。

(3) 规范的涂装施工和严格的涂层质量检测。性能优良的涂层,必须经过合理的涂装工艺涂覆在产品或构件上形成优质涂层,才能表现出良好的应用性能。涂层质量(也称涂装质量)的优劣直接关系到产品构件本身的质量及其经济价值。

5.3.1.2　阴极保护

阴极保护是向被保护金属施加一定的流电,使被保护的金属成为阴极而得到保护的方法,如图 5-2 所示。根据所提供直流电的方式不同,可分为牺牲阳极保护法和外加电流保护法。

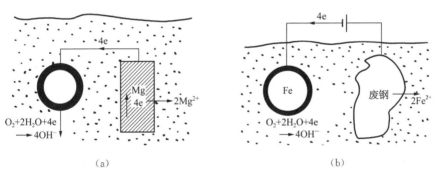

图 5-2　阴极保护示意图

牺牲阳极保护法就是选择电位较低的金属材料,在电解液中与保护的金属相连,依靠其自身腐蚀所产生的电流来保护其他金属的方法。

外加电流阴极保护法,是通过外加电流来提供所需要的保护电流。将被保护的金属做阴极,选用特定材料作为辅助阳极,从而使被保护金属受到保护。

阴极保护适用于海洋工程平均水位以下钢结构的防腐蚀。阴极保护可采用牺牲阳极保护系统、外加电流保护系统或上述两种系统的联合。

两种阴极保护方法的比较见表 5-2。

表5-2　两种阴极保护方法的比较

种类	优点	缺点
牺牲阳极法	不需要外加电流,安装方便,结构简单,安全可靠,电位均匀,平时不用管理,一次性投资小	保护周期较短,需定期更换
外加电流法	电位、电流可调,可实现自动控制,保护周期较长,辅助阳极排流量大而安装数量少	一次性投资较大,设备结构较复杂,需要管理维护

保护电位是指阴极保护时使金属停止腐蚀所需的电位值。为了使腐蚀完全停止,必须使被保护的金属电位极化到阳极"平衡"电位。对于钢结构基础来说,这一电位就是金属在给定电解液溶液中的平衡电位。保护电位的值有一定范围,保护电位值常作为判断阴极保护是否完全的依据,通过测量被保护的各部分的电位值,可以了解保护的情况,因而保护电位值是设计和监控阴极保护的一个重要指标。海上风电机组钢结构基础保护电位值见表5-3。

表5-3　海上风电机组钢结构基础保护电位

环境、材质			保护电位相对于海水电极/V	
			最正值	最负值
碳钢和低合金钢	含氧环境		−0.80	−1.10
	缺氧环境(有硫酸盐还原菌腐蚀)		−0.90	−1.10
不锈钢	奥氏体	耐孔蚀指数≥40	−0.30	不限
		耐孔蚀指数<40	−0.60	不限
	双相钢		−0.60	避免电位过负
高强钢(≥700 MPa)			−0.80	−0.95

注:强制电流阴极保护系统辅助阳极附近的阴极保护电位可以更负一些。

阴极保护中使金属的腐蚀速度降到安全标准所需要的电流密度值,称为最小保护电流密度。最小保护电流密度值是与最小保护电位相对应的,要使金属达到最小保护电位,其电流密度不能小于该值,否则金属就达不到满意的保护。如果所采用的电流密度远远超过该值,则有可能发生"过保护",出现电能消耗过大、保护作用降低等现象。

无涂层钢的常用保护电流密度参考值见表5-4。

表5-4　无涂层钢常用保护电流密度参考值

环境介质	保护电流密度/(mA/m²)		
	初始值	维持值	末期值
海水	150~180	60~80	80~100
海泥	25	20	20
海水混凝土或水泥砂浆包覆	10~25		

有涂层保护电流密度的计算公式为

$$i_c = i_b f_c \qquad (5-3)$$

式中　i_c——有涂层钢的保护电流密度(mA/m^2)；

　　　i_b——无涂层钢的保护电流密度(mA/m^2)；

　　　f_c——涂层的破损系数，$0 < f_c < 1$。

1）牺牲阳极保护

牺牲阳极阴极保护系统适用于电阻率小于 500 Ω·cm 的海水或淡海水、位于平均水位以下的海上风电机组钢结构基础的防腐。牺牲阳极材料应具有足够负的电极电位。在使用期内应能保持表面的活性，溶解均匀、腐蚀产物易于脱落，理论电容量大，易于加工制造，材料来源充足、价廉等特点。海洋工程中一般使用铝合金或锌合金牺牲阳极。牺牲阳极材料适用的环境介质见表 5-5。

表 5-5　牺牲阳极材料适用的环境介质

阳极材料	环境介质	适用性
铝合金	海水、淡海水（电阻率小于 500 Ω·cm）	可用
	海泥	慎用
锌合金	海水、淡海水（电阻率小于 500 Ω·cm）	可用
	海泥	可用

牺牲阳极的几何尺寸和重量应能满足阳极初期发生电流、末期发生电流和使用年限的要求。牺牲阳极阴极保护所需的阳极数量、重量、表面积必须同时满足初期电流、维护电流、末期电流的需求。牺牲阳极应通过铁芯与钢结构短路连接，铁芯结构应能保证在整个使用期与阳极体的电连接，并能承受自重和使用环境所施加的荷载。牺牲阳极的布置应使被保护的钢结构表面电位均匀分布，宜采用均匀布置；牺牲阳极不应安装在钢结构的高应力和高疲劳区域。当牺牲阳极紧贴钢结构表面安装时，阳极背面或钢表面应涂覆涂层或安装绝缘屏蔽层。牺牲阳极的连接方式宜采用焊接，也可采用电缆连接和机械连接。

2）外加电流保护

外加电流保护是将外设直流电源的负极接被保护钢结构，正极安装在钢结构外部并与其绝缘的辅助阳极。电路接通后，电流从辅助阳极经海水至钢结构形成回路，钢结构阴极极化得到保护。外加电流阴极保护系统一般包括辅助阳极、直流电源、参比电极、检测设备和电缆。在外加电流保护系统中与直流电源正极连接的外加电极称为辅助阳极，其作用是使电流从电极经介质到被保护体表面。辅助阳极材料的电化学性能、力学性能、工艺性能及阳极结构的形状、大小、分布与安装等对其寿命和保护效果都有影响。辅助阳极的材料及几何形状应根据设计使用年限、使用条件、被保护钢结构的形式、阳极材料的性能和适用性综合确定。

5.3.1.3 金属热喷涂

金属热喷涂保护系统包括金属喷涂层和封闭剂或封闭涂料,复合保护系统还包括涂装涂料。热喷金属涂层保护方法具有对钢结构尺寸、形状适应性强等特点,在海洋环境中有着较为突出的防腐蚀性能,如图5-3所示。

图5-3 金属热喷涂

5.3.2 混凝土结构基础的防腐措施

选择合理的结构形式和施工,避免结构形式成锈蚀通道;改善混凝土自身性能,采用抗腐蚀性和抗渗性良好的优质混凝土、高性能混凝土,以改善混凝土工作性能;根据不同的环境,适当增加的混凝土保护层厚度;采用混凝土表面涂层、混凝土表面硅烷浸渍、环氧涂层钢筋及钢筋阻锈剂等特殊防腐蚀方法。

为减少与海水接触或被浪花飞溅的范围,尽量选择大跨度的布置方案。选择合适的结构形式,构件截面几何形状应简单、平顺,尽量减少棱角或突变,避免应力集中,尽可能减少混凝土表面裂缝。处理好构件的连接和接缝,对支座和预应力锚固等可能产生应力集中部位,采取相应结构措施避免混凝土受拉。腐蚀最容易发生在梁板、混凝土连接点处、结构的凹凸部位、承受高静荷载或冲击荷载处、飞溅区及结构的冰冻区域,应加强这些部位以保护钢筋免受腐蚀。构件的连接和接缝(如施工缝)应做仔细处理,使连接混凝土的强度不低于本体混凝土强度。对于墩台,不宜在飞溅区安排施工缝。为了保证混凝土尤其是钢筋周围的混凝土能浇注均匀和捣实,钢筋间距不宜小于50 mm,必要时可考虑并筋。构件中受力钢筋和构造钢筋宜构成闭口钢筋笼,以增加结构的坚固和耐久性。

6

海上风电分布式微电网技术

本章主要介绍海上风电分布式微电网技术，着重阐述海上风电分布式微电网的建设及并网接入方案，并引入典型微电网技术实例进行分析。

6.1 分布式微电网技术

6.1.1 微电网概述

电网是电力系统中，联系发电和用电设施及设备的统称，由各种电压或电流的变电站及输电线路组成，包含变电、输电、配电单元及岸上换流器、岸上电网等，用于连接发电与用电之间的整体。它包括离网型风电并网和并网型风电并网。离网运行的风电场一般发电规模较小，多用于偏远地区的供电需要；并网运行的风电场一般发电规模比较大，与离网型风电场相比，可以得到大电网的补偿，风电资源开发利用较为广泛，是目前国内外风力发电的主要发展方向。海上风电具有随机性、不确定性及波动性，当风电大规模并网时，这些特性对电力系统有着较大的影响，主要表现在对系统运行的稳定性、电网的调峰能力、所发出的电能质量及电力系统备用设备容量的影响。因此，需要根据负荷实际情况，对风电出力进行动态调节，以保证电力系统安全稳定运行，从而进一步促进电力产业的快速发展。

海上风电的大规模开发必将面临并网问题。目前，海上风电并网方案的选择主要考虑输送容量、输送距离、经济性、可靠性、环境友好性等因素。世界范围内海上风电并网主要分为高压交流、高压直流两大类。当海上风电场的规模相对较小且离海岸距离较近时，风电机组一般采用交流电缆的输电方式接入陆上电网，并考虑加装一定容量的动态无功补偿装置，这类风电场不需设置海上变电站，适用于早期、近海且规模较小的海上风电场。对于大型的远距离海上风电场，为了提高传输效率，需提高电压等级，通过海上交流升压站，将风电机组的功率汇集起来升高电压，再经过海底电缆输送到陆上集控中心，主要取决于风电场的装机规模、离岸距离和岸上公共连接点的电压等级，该方式的主要特点是电力传输系统效率较高。

通过对海上交流升压站（含在建工程）的统计分析，目前国内外采用交流升压站的风电场共 36 座，其中投产 24 座、在建 12 座。由于交流电缆充电电流的影响，传输容量和传输距离受到限制，随着海上风电场的不断扩大，直流输电的优势越来越明显，可大大减少线损和增加输送容量，国外研究结果表明当海上风电场离岸距离超过 70 km、容量在 400 MW 以上时，宜采用直流送出方案，大部分单个海上换流站汇集了相邻同等规模海上风电场的功率，集中送出，相对提高了经济性。目前已建成的海上换流站 1 座、在建 6 座，均位于德国，虽然在投产的海上风电场中采用换流站的比例不高，仅为 1%，但在建的工程中，采用换流站的风电场高达 22%，上升趋势非常明显。随着我国海上风电的大规模开发，有必要对海上风电的并网进行深入研究，提出海上风电并网的解决方案，规范海上风电的并网和接入系统设计，实现海上风电的可持续发展。

分布式电网系统如图 6-1 所示。分布式电源是指在用户所在场地或附近建设安装、运行方式以用户侧自发自用为主、多余电量上网，且在配电网系统以平衡调节为特征的发电设施或有电力输出的能量综合梯级利用多联供设施，包括太阳能、天然气、生物质能、风能、地热能、海洋能、资源综合利用发电（含煤矿瓦斯发电等），并网等级上适用于 35 kV 级以下。微网是由相互关联的负荷和分布式能源（包括微燃机、柴油机、储能、可再生能源等在内的各类分布式能源）组成，运行在可定义电气边界的配电网范围，具备黑启动能力且可以运行在并网或孤岛模式。

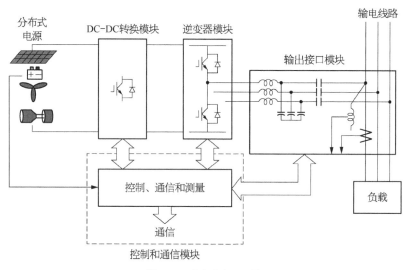

图 6-1　分布式电网系统

6.1.2　微电网系统结构组成

我国对于微电网结构给出了明确界定，如图 6-2 所示，微电网主要由微电源、储能系统及控制装置三部分构成。

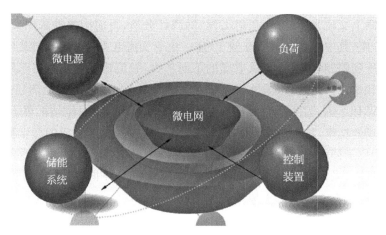

图 6-2　微电网结构图

针对不同的发电系统采用不同的微电源,目前的发电类型包括光伏发电、水力发电、风力发电、潮汐发电及内燃机发电等,对于微电网对接的发电类型主要是可再生能源发电。微电网和外部大型供配电网络相比,容量小且电压等级也相对较低,因此一般以 380 V、10 kV 和 110 kV 的电压等级和外部大电网进行能量交换。

随着储能技术的发展,目前储能系统也已有多种类型,部件包括热储能系统、机械储能系统、电磁储能系统及新型电化学储能系统。电化学储能系统一般通过蓄电池储能实现其功能,对于电磁储能系统而言,一般采用超导体和超级电容来实现其功能。控制装置作为微电网中必不可少的一环,主要实现对整个系统的控制,保证整个系统的运行,包括计量系统、监控系统、保护系统及能量管理系统等多个子系统。

6.2　海上风电微电网的建设规划技术

1) 并网方式

海上风电场一般考虑采用交流送出或柔性直流送出两种并网方式。离岸距离较近时直接采用交流输电;如离岸距离较远,经技术经济比较后,可采用柔性直流输电,为摊薄直流输电成本,建议在采用柔性直流输电时,送出的海上风电应具有一定的开发规划规模,建议在 600 MW 以上。

2) 海底电缆输电能力

目前,海底电缆最大制造能力为截面 1 600 mm² 电缆,其运行受生产厂商制造能力、运输、海上施工等多种因素影响,短期内海底电缆输电能力不会大幅提高。在交流 220 kV 输电时,其最大输电能力约 400 MW。

3) 电网网架

海上风电场并网的沿海电网网架、电网的坚固程度,对海上风电场的接入方案有较大影响,在考虑风电场的接入电压等级、并网方式等时,应充分考虑电网的接入条件、电网的适应性等。

4) 装机规模

海上风电场装机规模的大小对风电场送出方案直接影响,海上风电场装机规模相对较小,如 200 MW、300 MW、400 MW 时,则直接采用一回送出海底电缆即可送出;如海上风电场装机规模较大,在 500 MW 以上时,则考虑将风电场分拆成几部分,分别送出或经直流汇集后送出。

5) 送电距离

海上风电场离岸距离较近时,则采用交流输电即可;离岸距离较远时,则需考虑柔性直流输电。

6.3　海上风电场电力系统模型架构

海上风电场电力系统是一个复杂而庞大的动态稳定系统,它由海上变电站、输电线路、岸上换流器及岸上电网四大部分组成,海上风电场与海上变电站由连接点相连,海上变电站与岸上电网由连接到陆上电网的公共连接点相连,其主要功能是维持发电、输电、用电之间的功率平衡,电力系统模型的总体架构如图6-3所示。

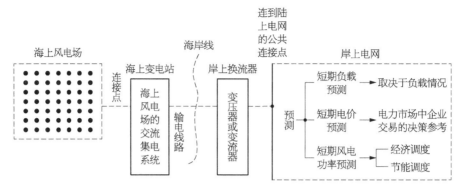

图6-3 海上风电场电力系统模型总体架构

一个风电场总体布局设计的目的是使风力发电机的产能最大,这种设计除了需要了解海上风电场电力系统总架构的各部分作用外,还需考虑风力和风向的分布、风力发电机之间的湍流影响、风场位置及计划的可行性等因素。海上风电场电力系统总架构的各部分功能如下:

(1)海上变电站:作用在于提高海上风电场的电压输送等级,从而减少电能损耗,海上变电站还可以汇集分散于各个风电机组的电能,控制电流与电能流向,并能够更好地控制电能质量,当风电机组、海底电缆或海上变电站出现故障时,能够利用海上变电站电气主接线来切断线路以隔离故障区域,使故障影响降到最低,保证供电稳定性。

(2)输电线路:与岸上变压器(变流器)直接相连,是一种最简单的接线方式,特点为断路器少,接线简单,成本低,运行可靠、经济,有利于出现故障时便于恢复供电操作。

(3)岸上电网:主要通过编制发电计划,调度管理各类发电电源,供负载使用,从而达到电力系统发电与用电的均衡性。编制发电计划是为了使电力系统总发电成本或能耗最低而预先制定的各类发电机组的出力情况,对未来电网的运行状态起决定作用,是电力系统中能量管理的重要组成部分,对电网安全、节能、经济运行有着重要影响。

陆上风电场布局的考虑与海上非常不同,要考虑特定位置条件和复杂的地形。海上风电场的布局对地形和位置的限制较少,但可能会受到该海域水深和海底情况的影响。然而,通常将风电场建在水深基本相同的海域内,减少尾流和风电机之间湍流的影响成为未来设计需要考虑的主要因素。因此,与陆上同尺寸的风机相比,海上风机之间的距离要更大。为了满足电力系统多时段、多目标、多约束的要求,要不断提升风电调度管理水平,解决电力系统发电资源的综合优化问题,大规模风电并网会对系统供需平衡造成很大影响,这就需要准确预测风电的走势,预测是实施供需平衡调节的基础。风电预测直接关系到整个调度系统的运行成本和调度安全问题,这也将作为本书研究的重点之一。

6.4 海上风电场并网接入方案及技术要求

6.4.1 海上风电场并网接入

目前,海上风电并网方式可分为高压交流输电方式、高压及其他输电方式。高压交流输电(HVAC)系统是海上风电并网直流输电技术方式中发展较为成熟的一种技术,具有结构简单、工程造价低等特点,目前大多数建成的海上风电场均采用这种并网方案,但是由于高压交流电缆电容充电电流的问题,方案实施过程中需要加装无功补偿设备。HVDC系统主要有两类:传统直流输电(LCC - HVDC)和柔性直流输电(VSC - HVDC),其中LCC - HVDC需要安装大量滤波和无功补偿装置,大大增加了海上平台的体积和海上施工的复杂程度,迄今为止LCC - HVDC技术并无海上风电工程的应用先例。与LCC - HVDC相比,VSC - HVDC不存在换相失败问题,可独立调节有功和无功功率,谐波含量少,可提高低电压穿越能力,适合构成多端直流输电系统,因而在海上风电并网的研究中获得了广泛的重视与认可。目前欧洲已有多个采用VSC - HVDC方案的海上风电场并网运行,规划中的欧洲超级电网也将大量采用VSC - HVDC技术。

除交直流输电方式外,研究人员还提出了低频输电技术等,综合考虑技术实用性、成熟度及经济性等各方面的因素,HVAC和VSC - HVDC输电技术仍将是未来海上风电建设所采用的主要输电技术。

目前针对交直流并网方案的选择,已有相关研究从经济性的角度出发确定某特定容量风电场的经济临界距离。例如,从技术性的角度探讨了VSC - HVDC相对HVAC并网方式在故障穿越情况下的优势。亦有综合技术经济因素对VSC - HVDC和HVAC进行了比较,但比较时交直流并网方式分别连接不同类型风电机组,因此影响了结果的普适性。实际上在海上风电规划阶段,需要在任意给定离岸距离、装机容量下选择经济合理的并网方式,而目前罕有进行海上风电并网方式优选的研究。

结合国内外海上风电场交、直流并网方式研究现状及海上风电场并网现状统计情况,在对海上风电场交直流送出方案经济比较的基础上,提出海上风电场并网接入系列方案。

(1) 220 kV交流和柔性直流的等价距离随着海上风电场规模的增大而减小,即海上风电场规模越大,其等价距离越小。

(2) 对于建设规模为400 MW以下海上风电场,理论上当离岸距离在100 km以下时采用交流方案较优。结合目前国内外海上风电场建设实际情况,离岸距离在50 km以内的海上风电场推荐采用交流方案;超过50 km的,在实际工程中应考虑电网条件、风电场建设规模、建设条件、工程造价、电缆选型、运行维护等因素具体分析。

(3) 对于建设规模超过600 MW的海上风电场,当离岸距离在50 km以上时,采用直流方案送出可能较优。

(4) 交直流方案的确定与海上风电场建设规模、风电场离岸距离、设备造价等有直接关系,实际工程中,应结合实际情况进行优选比较。

6.4.2 并网接入方案优化

对于不同的离岸距离和装机容量要求,本节将探讨如何合理选择交直流并网方式、电压等级、补偿容量及线路回数等。

总体来说,交流并网方式适合于离岸距离较近的风电场并网。柔性直流并网方式适合于离岸距离较远的风电场并网。无论哪种并网方式,随着风电场装机容量增加,高电压等级越来越具有经济性。在小装机容量下,对离岸距离小于300 km的情况具有绝对的优势。实际上,由于风能资源丰富,在远海区域建立几十兆瓦的风电场的概率很小,因此可以认为35 kV交流系统只适用于近海小规模风电并网。±150 kV与220 kV的经济等价距离均随着装机容量的增加而增加,而其他电压等级之间的等价经济距离随装机容量的增加而减少,究其原因,在于此时柔性直流电缆损耗远小于交流电缆,其差异远大于换流站的成本差异。考虑到随着电力电子技术的进步,柔性直流换流站成本有望进一步减少。因此,从总体上看,随着装机容量的增加,交直流经济临界距离将逐渐减小。

6.4.3 海上风电场并网技术要求

相对于陆上风电而言,我国海上风电的研究工作明显滞后,海上风电并网的影响、功率预测、远程集群控制等还处于研发初级阶段,相关技术标准和规程规范等还在制定中;随着海上风电的大规模开发,亟须对海上风电开发设计、并网运行等方面的相关技术进行深入研究。海上风电输电与并网方面的若干关键技术,主要在于海上风电的电力传输、集变电设计及运行控制等方面,涵盖海上风电高压交流/直流输电技术、集变电系统优化设计、功率预测、远程集群控制等内容。

目前海上风电场在规划建造时,需要考虑的要素主要围绕以下几点:

(1)明确风电场规划容量、分期容量、建设计划、电力市场消纳方向、输电方向、送电距离及其在电力系统中的地位和作用。

(2)风电场升压变电站的电气主接线应尽量简化。

(3)风电场应按运行灵活、节省投资、安全可靠的原则配置无功设备。

(4)风电场并网后,必须满足电网各种运行方式的要求。

(5)风电场内设备的技术参数应满足《风电场接入电力系统技术规定》(GB/T 19963—2011)。

(6)电能质量应能够满足风力发电场运行的技术要求。

随着我国未来海上风电规模的不断增加,海上风电并网运行的相关问题也将逐步突显出来,而这也必将成为行业关注的热点和研究关注的重点。未来的研究将会更多集中在以下几个方面:

(1)海上风电场交流并网特性的深入研究。随着风电场离岸距离的增加,并网线路的长度越来越长,由此导致的过电压和无功配置方面的问题将更加突出,需要关注引入高抗之后,高抗与线路电容之间的谐振及其抑制问题;同时需要考虑在有限的平台空间下,海上风电场的无功补偿配置问题,在造价最小的情况下保证无功电压控制的灵活性。

（2）柔性多端直流输电技术的进一步完善，以及交直流混联系统的运行控制技术研究。目前，针对柔性直流技术的研究已较多，并已有实际的工程应用，但是运行的可靠性和灵活性尚需进一步提高，需在相关的控制策略研发及设备研制等方面开展工作。同时远期海上风电基地存在组网联合送出的需求，因此多端柔性直流及交直流混联，乃至全直流的海上风电场组网设计和运行控制技术，都将是未来研究应该关注的重点。

（3）海上风电场集电系统、变电系统和送出系统的优化设计技术。海上风电场与陆上风电场的显著区别之一是地理环境的特殊性，技术经济可行性及运行可靠性的提升都离不开设计环节的集成和优化。目前该领域的核心技术主要掌握在国外的研发机构手中，国内尚在逐步摸索和示范应用阶段，未来高可靠性、高集成度、高性价比的海上风电场集变电系统的优化设计技术需要重点关注。

（4）海上风电场的远程集群运行控制技术。对海上风电进行调度和运行控制的前提是了解海上风电的出力规律，但我国在海上风电功率预测方面起步晚、观测数据少。因此，未来需要重点研究适用于海上风电的数值天气预报技术，以及采用卫星观测数据、应用四维同化技术、基于复合数据源的海上风电功率预测方法。同时考虑到海上风电运维受环境条件的限制，也需要对海上风电远程集群控制、智能运维等方面开展研究，可从信息交互模型、控制体系架构、跨平台应用集成、全景信息展示等方面入手，突破集群控制关键技术，优化海上风电控制与运行特性。

6.5　海上风电并网经济调度技术

电力系统优化经济运行是电力系统科学有序规划与安全稳定运行过程中非常重要的环节。在电力系统中，调度管理是在满足电网安全运行和保证电能质量的前提下，充分利用能源、合理安排设备，目的是如何以最低的发电成本或燃料费用为用户提供安全用电的一种调度规划方法，其发展大体上可分为两个阶段：20 世纪 60 年代以前为经典经济调度，60 年代以后为现代经济调度。电力系统经济调度根据机组状态和负载情况可以分为三类，即静态经济调度、动态经济调度和安全约束经济调度。电力系统经济运行水平是电力企业经营活动的重要内容之一，也是经济调度管理的基本要求之一。近几年，随着电网的不断发展，并网容量不断提高，备用容量也在不断加大，在满足电网安全稳定运行的前提下，电力系统安全稳定经济运行是国家各级政府高度关注的重点。企业在进行经济调度管理模式时，通过技术进步和创新促使发电成本、经营和运行成本下降，力求成本最小化来满足用电企业或用户的需求，确保电力企业的发电与用电企业用电负荷之间的动态平衡，从而稳定企业自身的发展业态，获得更多利润。

6.5.1　静态经济调度

静态经济调度一般是在电力系统运行状态下，为了满足系统负荷变化要求，在进行调度规划之前，根据用户需求预先制定好调度策略，在实际调度过程中，按照预先制定的调度策略进行调度规划，不考虑调度过程中实际负载变化情况及各发电机组可承受负载的能力，使之在单一时段输出的有功功率最多，通过调配各发电机组和备用设备，使电力系统的发电成本和燃料费用最低。由于这种调度管理不是随着负载的变化而改变，因此电力系统将这种调度管理称为静态经济调度。由于这种调度管理模式实现起来相对简单，因此它是电力系统经济调度中很早被研究的问题，实现方法一般采用基本负荷法和最优负荷点法。

（1）基本负荷法：按照各发电机组的效率从高到低进行排序，优先把效率高的发电机组负荷容量调制最大值。

（2）最优负荷点法：按照各发电机组的效率从高到低进行排序，从效率高的发电机组开始，依次将各机组带负荷至其最低比热耗点。在电力系统实际调度过程中，这两种方法的调度效果都不太理想。在 20 世纪 30 年代初，Steinberg 和 Smith 提出了燃料消耗微增率的概念，随后又提出了利用燃料消耗微增率的概念分配负荷的方法，这种方法也存在一定的局限性，后来有学者提出了经典协调方程式的方法，通过有功网损微增率对系统消耗的微增率进行了修正，使经典协调方程式更接近于电力系统的实际情况。静态经济调度方法统称为经典法，经典法的优势是计算速度快、计算概念清晰，随着电力行业的快速发展，电网规模的不断增大，这种方法显现出诸多弊端。

6.5.2　动态经济调度

动态经济调度是在电力系统实际调度管理时，主要是针对各发电机组在连续多个时间段内的运行情况，调度管理人员合理调整各发电机组的输出功率，达到输出功率最大而系统成本最小的目的。随着对调度水平要求的不断提高，希望调度模型能够尽量接近实际情况，引入了各种约束条件，解决经济调度管理的实际问题，目的是在满足系统有功功率供需平衡的基础上，使各发电机组达到最大出力，而系统的总成本最低。因此，经济调度问题的数学本质是一个大规模、包含复杂的线性和非线性约束条件的数学规划问题，由于调度模型中没有整数变量，因此它是一个连续的、非线性的规划问题。

与静态经济调度模型一样，动态经济调度约束是以线性约束为主，约束条件较为复杂，数学模型比静态经济调度也复杂得多。动态经济调度在进行多时段负荷分配时，不能简单地把多个单一时段的负荷简单地叠加，因为电力系统在实际运行过程中，每一个时段的约束条件各不相同，他们之间存在着相互影响、相互制约的关系。频率是电力系统的重要运行参数，与有功功率供需平衡关系密切。风能分布的连续性和差异性使得大规模风电场群输出的风电功率具有汇聚特性，风电的运行特性会对电力系统调峰、调频带来影响。风电的反调峰特性增加了电网调峰的难度。风电的间歇性、随机性增加了电网调频的负担，大规模风电并网运行将影响系统原有功率供需平衡机制，大规模风电并网的电力系统频率稳定问题尤为突出。

在计算方法方面，动态经济调度常用动态规划、拉格朗日松弛、网络流规划、遗传算法等，但电力企业常用的算法是启发式的，如顺序调度法、优化调度法等，在计算时间和调度效果之间进行平衡，减少了调度偏差，得到调度模型的最优解。随着风电频率的变化，风电的切入会引起电网中输电线路功率的振荡和变化，与风电切入功率的大小、切入点的位置、切入时的速度及所连设备有着密切关系，风电场电力能否畅通送出、输电线路是否过载、是否会引起线路的功率振荡等,都要通过电网潮流计算、暂态计算等方法来分析。

6.5.3　安全约束经济调度

在当前高风电电价形势下,为了提升风电的竞争力,一般将环境效益合理计入风电成本中,在实际研究含有风速及风电功率特性的风电场电力系统调度问题时,以发电成本最小为目标,但是没有考虑电力系统的安全约束。在综合考虑风电各类成本、输电线路损耗、环境与风险等多种因素的基础上,在研究大规模风电场的经济调度问题时,引入系统的安全约束,目的是为了在研究风电场经济调度问题时,更加符合经济调度运行的实际要求。

随着风电技术的发展和研究水平的提高,集群大型现代风电场已经成为当今风电开发的趋势,对于经济调度来说,要考虑的约束条件越来越多,如网络安全、电力系统保护、市场综合效益等诸多方面,要想使经济调度模型更能符合电力系统实际运行的要求和需求,需要电网对风力发电的调度由风电场侧并网逐渐向风电场内部延伸,使风电场内风力发电机组之间的优化出力与负荷分配保持平衡,使风电场实现最优分配。影响经济调度的主要约束条件有:电力系统平衡约束、发电机组运行约束、电网安全约束,除此之外还有线路传输限制、调峰调频、静态稳定性和暂态稳定性、电能质量和继电保护等,正是因为有这些约束条件的存在,使得风电并网要求越来越高。

6.6　典型微电网技术实例

6.6.1　江苏大丰智能微电网建设规划

江苏大丰智能微电网选址及安装如图 6-4 和图 6-5 所示。江苏大丰智能微电网建设的规划容量为 2.196 MW,其中包括 2.0 MW 风机、100 kW 风机、96 kW 光伏发电

图 6-4　江苏大丰智能微电网选址

图 6-5　江苏大丰智能微电网安装

系统和 200 kW×3 h 的储能系统。微网电力供江苏大丰中车集团生产使用,其年耗电量为 1 100 万 kW·h 左右,其内部收益率为 9.54%,投资回收期为 8.68 年。江苏大丰智能微电网系统示意如图 6-6 所示。

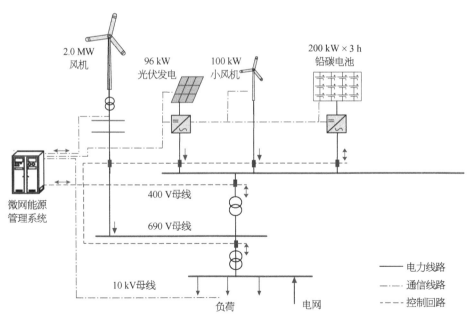

图 6-6　江苏大丰智能微电网系统示意图

6.6.2　广东珠海桂山海上风电场示范项目

珠海桂山海上风电示范项目是中交第三航务工程局有限公司海上风电建设重点工

程之一,是其迈入南方海上风电市场的一个关键性项目,该风电场的装机容量为102 MW,在国内首次大规模运用导管架式风机基础结构形式。

珠海桂山海上风电场示范项目如图6-7所示。

图6-7　珠海桂山海上风电场示范项目示意图

7

海上风电场的安装和
维护技术

本章首先对国外海上先进的风电场建设现状做了简要的介绍,重点介绍了英国的Beatrice 风电场和丹麦的 Nysted 海上风电场的安装方案,并阐述了常用的几种海上风电机组的安装技术,包括整体安装技术和分体安装技术,分析了分体安装技术中的三叶式安装和"兔耳"式安装的特点;通过介绍国外采用的三种典型安装船方式,给出了海上风电场常用的维护技术,并对海上风力发电机组的可靠性问题做了重点分析;最后对海上风电机组的安装和维护技术开发提出了可行的指导和建议。

7.1 海上风电场安装与维护技术发展现状

7.1.1 国外发展现状

海上风电场的风速高于陆地风电场,不占用陆地面积,虽然其电网连接成本相对较高,但是海上风能开发的经济价值和社会价值正得到越来越多的认可,海上风电的发电成本也将越来越低。海上风电场的建设对于风电行业的进一步发展很关键,现已进入一个重要阶段。

全球海上风电场装机容量增长情况如图 7-1 所示,欧洲地区的发展目前领先于全球。自从丹麦于 1991 年建成第一个海上风力发电场,直到 2006 年年底,全球运行了超过 900 MW 装机容量的海上风电场,几乎所有的海上风电场都在欧洲。下面对英国Beatrice 风电场和丹麦 Nysted 海上风电场做详细介绍。

图 7-1　全球海上风力发电场装机容量

1) 英国 Beatrice 风电场

英国 Beatrice 风电场的风机完全在陆上进行建造,并由起重船"RAMBIZ"吊装上船,进行海上安装。Beatrice 风电示范项目采用海上整体安装技术,安装了两台 5 MW 海上风电机组(图 7-2),风机采用导管架式基础,基础总高度 70 m,其中水面以下高度为 43.5 m,水面以上总高度为 145 m,叶片长度为 63 m。整体安装技术使用了最大起重能力为 4 000 t 的双吊臂大型起重船"RAMBIZ",其中对应起重量 4 000 t 的桅杆长度为68 m,起重量 3 256 t 的桅杆长度为 82 m。

图 7-2　英国 Beatrice 风电示范项目风机

2）丹麦 Nysted 海上风电场

1995年，丹麦能源部的一个工作组提出丹麦领海中有四个地区适合建造海上风电场，随后能源部和两个丹麦重点企业 Elsam 和 Elkrait（后来合并为 ENERGIE2）签署了一个协议，建造总装机容量为 750 MW 的五个示范项目。Nysted 海上风电场是 ENERGIE2 开发完成的第二个项目，政策上得到丹麦政府的大力支持，Nysted 海上风电场的建设包括六个方面的安装，如图 7-3 所示。

图 7-3　丹麦 Nysted 海上风电场示意图

（1）涡轮机的选择：丹麦制造商 Bonus（现为 Siemens）获得了生产涡轮机的合同，涡轮机额定容量为 2.3 MW（2.0 MW 机组的升级版），是 2004 年 Bonus 所能生产的最大容量的涡轮机。

（2）风机叶片的选择：Bonus 为 Nysted 的 2.3 MW 涡轮机开发了一种特殊的叶片（不含胶接接头，一片成型）。此前，叶片于 2000 年在 1.3 MW 涡轮机上预先检测过，运行一年后被拆卸下来进行全面观察。

（3）基座的选择：海上风机基座设计需要考虑 Nysted 风电场的工作负载、环境负载、水文地理条件和地质条件，基座适用性包括涡轮机尺寸、土壤条件、水深、浪高、结冰情况等多个技术要素。

（4）塔架要求：每个塔架高 69 m，比陆上涡轮机的塔架约低 10%，这是由于陆上风切变高于海上，需要较低塔架来获得相同的发电量。

（5）电网连接。

（6）电网扩容工程。

7.1.2 我国发展现状

目前我国海上风能的开发主要问题在于成本过高和安装运输不便，但伴随着风机尺寸和风机布置规模的扩大、大功率风机的研制开发、安装运输技术的成熟，相应的海上风力发电的成本也将不断下降，为今后大规模商业应用提供了可能。在海上风力发电领域，我国海上风电场安装与维护技术起步较欧洲一些国家晚，特别是大功率风机的研发处于落后状况。考虑到我国的内陆风力发电已经趋于饱和，土地资源极为紧缺，而对电能需求量大的地区又位于东部沿海地区，故海上风力发电将是一个很不错的选择。

通过对海上风电场的安装和维护技术的研究，通常的技术目标是减少海上作业程序和时间，降低海上运输安装设备的规格，降低工程施工成本。海上风电机组的可到达性差、维护难度大及维护费用高，所以在设计海上风电机组时一定要考虑机组的安装可靠性和可维护性。

鉴于对海上风力资源方面的重视和政策上的支持，2007 年我国已启动国家科技支撑计划将能源作为重点领域，提出了要在"十一五"期间组织实施"大功率风电机组研制与示范"项目，研制 2～3 MW 风电机组，组建近海试验风电场，形成海上风电场安装与维护先进技术。目前包括上海在内，国内众多省市都在规划建设近海风力发电场，如中海油未来将重点建设海上风力发电场等，可以预见我国海上风力发电未来势将迅猛发展。

7.2 海上风电机组的安装技术

海上风电机组和陆上风电机组一样，由三个主要部件组成：基础、塔筒、机舱（含叶轮系统），如图 7-4 所示，但海上风力涡轮机更重、要求更高、需要更大的安装设备，大型陆上安装设备不能投入使用，只能依靠安装船安装。施工船安装的费用非常昂贵，而且在海上安装风电机组时，海洋气候对风电机组影响很大，如在大风和大浪时安装船的运动较大。因此，通过安装船方式安装海上风电机组比陆上安装更困难、更不确定、更昂贵。

在海上风力发电安装过程中，任何问题都可能导致施工周期的延长，进而大大增加

图 7-4　海上风电机组示意图

施工成本,为了尽量减少海上作业时间,避免不可预测的因素,海上风电场的开发商都希望通过在陆上组装基地进行预装和部分组装,来最大限度地减少施工时间和施工风险。海上风机的安装主要以基础、塔筒、机舱和叶轮系统为主,海上风电机组的基础均需预先单独安装好,基础以上的结构安装技术主要有整体安装和分体安装。

7.2.1　整体安装技术

　　海上风电机组的整体安装,就是在陆上的组装基地将风电机组完全组装好,即将塔筒、机舱和叶轮系统都装配到一起,当整体运到拟建风电场后,采用"一体式"整体起吊并安装到已经建好的基础上。其示意如图 7-5 所示。

　　在进行整体安装时,通常选择码头作为拼装场地,在码头完成风电机组的组装和调试,然后将风机整体调运至风电场安装点,再由起重船将风机整体吊装到风机平台上。由于起重船将风电机组整体吊装到风电机组平台上时,采用的是锚泊定位,为避免风电机组塔筒与风电机组平台发生严重碰撞和确保风电机组塔筒与平台对中的准确度,需要对安装船进行稳性校核,并研制整机吊装软着陆系统和风电机组整体平移对中系统等。

　　在实际安装时,起重船将平衡梁起吊到预定高度后,起重船吊起上部吊架系统及风电机组,开始安装,全部过程大概需要六个步骤才能完成,即粗导向、缓冲、同步升降、精定位自动对中、法兰连接和拆除平衡梁、吊架系统及就位系统。

　　整体吊装可以降低安装过程中的不确定因素,如海洋气候(台风、浪涌等)的影响,尽可能减少安装船、人员的待机时间,从而缩短了海上的高空作业时间,降低项目的实施成本及风险。这种安装方式的优点是大部分工作可以在陆上完成,有效降低成本,海上高空作业量少、安全,海上作业时间短,且安装效率相对较高,基本不受水

图 7-5　海上风机整体安装示意图

深的限制。

其缺点就是对安装船的能力要求高,且对陆上组装基地要求相对较高,并需要设计专用的起吊工具和运输时的固定装置,对安装船的起吊能力和机组的运输能力提出了很高的要求,因此如何吊起并把它精确定位在风电机组平台上,成为该种安装方式首要解决的技术问题。另一方面,考虑到日后的维护和修理工作,采用如此大起重能力的船,具有较差的经济性。同时,由于大型起重船操纵能力的限制,对风电场的布置将提出更高的要求。所以,这种安装方式一般仅在风电场的试验阶段采用,而对于整个风电场的建设,一般采用更为专业和经济性的设备,同时也要兼顾日后的维修作业。

由于我国大型船只比较多,主臂为单臂的船只和双臂的船只都能满足起吊重量和起吊高度的要求,所以海上风电机组的整体安装在我国实现起来比较容易。中海油采用"南疆"号 380 t 起重铺管船,在离岸 70 km 的渤海绥中油田采用整体安装,完成了我国第一座海上风电机组的安装。根据国外已经建成的海上风电场的设计结论,风电机组的海上运输及安装所需费用约占总投资的 4%,尽管投资比例不大,但是该环节的施工难度及操作风险是整个风电场建设过程中最大的。

7.2.2　分体安装技术

海上风电机组的分体安装就是在海上拟建风电场,将风电机组的主要部件安装到一起。采用与陆上类似的方法进行,安装顺序如下:下部塔筒、上部塔筒、吊装体(机舱或机舱含轮毂及两个叶片)和叶片(或风轮)。分体安装是目前最为常见的海上风机安装方式。但是海上条件的不确定因素较多,风电机组的高度一般为 80~90 m,这使得海上风电机组的设备安装工作有一定难度,为了提高效率,海上风电机组的分体安装一般也需将风电机组在陆上的组装基地进行适当的组装,再将各主要部件和组件运输至拟建的风电场进行逐件安装,以此来减少起吊次数和高空安装作业工作量。根据陆上装配基地对机组的组装程度不同,海上风电机组的分体安装技术基本可以分为三叶式安装方式和"兔耳"式安装方式,如图 7-6 和图 7-7 所示。

图 7-6 三叶式安装方式

图 7-7 "兔耳"式安装方式

三叶式安装就是在陆上的装配基地将三个叶片和轮毂组装好,组成叶轮系统,在安装时先安装塔筒,再安装机舱,最后将风轮系统安装到机舱上,这种方式可减少在海上安装叶片时的定位、对接等高空作业,降低海上施工难度。

"兔耳"式安装就是在陆上装配基地将风电机组的两个叶片安装在轮毂上,并与机舱安装好,形成"兔耳"形式,在安装时,先安装好塔筒,再将已装上两个叶片的机舱安装在塔筒上,最后安装第三片叶片,其安装方式与陆上风电机组的安装方式类似,这种安装方式有利于在运输过程中,合理设计工装,以此来有效利用平台面积。

目前,全球海上风电机组的安装主要还是采用分体安装,据有关统计,国外海上风电场的建设过程中绝大部分采用这种方式,而且基本上都采用自升式桩腿平台或船只来保证安装精度,从而减小整个安装过程受天气和海况的影响,保证分体安装时的稳定性。

我国响水近海风电场试验机组也采用了分体安装方案,组装后风电机组的主体有五部分:一套"兔耳"式系统、三段塔筒、一个叶片。海上分体安装最大的优点是对海上运输和安装设备的要求相对整体安装要低,对陆上组装基地要求也相对较低,对起重机的起重能力要求也不太高。缺点是对起重作业时船舶的稳定性要求很高,在海上作业时间相对较长,各部件需要在海上进行高空对接,需要保证下部塔筒与上部塔筒之间准确对接、上部塔筒与机舱之间准确对接、轮毂和机舱之间准确对接(三叶式安装)、第三个叶片与机舱轮毂之间准确对接("兔耳"式安装)。

海上分体安装作业量较大,安装的整个过程受海上环境、气象和地质条件的制约较大,海上施工工序多、高空作业量大、操作空间小、交叉作业频繁,如此多的施工环节和安装要求在海上连续进行难度很大,施工中除了风、雨、雾等天气因素影响外,传统的起重船仅仅依靠锚泊系统对船体定位,也难以避免海上波浪、潮流的影响。特别是当安装进行到上部塔筒以上的部位时,只要船体轻微地晃动,在 80 m 以上高度就会引起数米的位移,给准确对接带来了很大的困难。因此,为了能够承受恶劣天气和长时间作业,国外进行海上分体安装时采用带自升式桩腿的平台或船只,采用桩腿的目的就是为了保证安装的精度和施工进度,使海上安装与陆上安装类似,而依靠普通起重船进行海上风电机组的分体安装,因不经济而不可行。

7.3　典型的风电机组安装船

海上风电场施工难点之一是风电机组的安装,不仅需要满足吊高、吊重的要求,还需要保证安装时少受风浪流环境条件的影响,以保证作业时间和效率。大型起重设备均可满足"一体式"安装方式的要求,如我国中海油的"南疆"号起重船。而对于具有一定规模的风电场的建设,则需要较为专业的设备,以下介绍国外采用的三种典型安装船。

7.3.1　非自航自升式平台

这是一种能够自行升降的平台,平台上有起重设备,可用来吊装,但不能自航,需要用拖船将其拖到指定的工作地点。这种平台在拖航及工作时需要符合天气等相关要求,如对波高、风速、表面流速、海底流速的要求。平台在用于海上风电场的安装中具有以下优势和劣势:

(1)优势:结构相对简单,起重能力强,就成本而言比安装船造价便宜。工作时可将平台升离水面,保证工作时的稳定性。

(2)劣势:机动性差,工作效率低,工作中遇到天气骤变等恶劣情况无法及时躲避,同时由于拖船作业费用较高,导致非自航式平台的经济性不好。

7.3.2 自升自航式平台

该平台是结合了自升式平台与自航式安装船优点的作业船,专门用于安装海上风电场,如图7-8所示。

图7-8 自升自航式平台船

自升自航式平台的优点如下:

(1)不需要拖航、效率高、价格低、可以单独完成海上作业任务。

(2)海上作业时,桩腿立于海底,船体升到水面以上,工作稳定。

(3)甲板空间大,能布放便携式或模块式海上施工设备,作业时将设备安放在船上,工作完成后卸下来,通用性好。

(4)在一定水深和工程作业范围内,自升自航式平台比甲板驳和非自航自升式平台更具价格优势。

(5)新型自升自航式平台升降装置只需普通自升式装置十分之一的时间即可完成升降工作,其次良好的机动性可以避开恶劣的气象和环境条件,在几分钟内断开与其他海上工作物的连接,并利用自航能力和运行速度极快的升降系统,在风浪达到1~2 m之前迅速撤离现场。

7.3.3 带定位桩腿的自航船

这是一种能够自航的安装船,如图7-9所示,将所需的安装部件装载于船上,航行至安装地点进行打桩、安装等工序。这种船工作时对天气情况也有要求。

带定位桩腿的自航船在用于海上风电场的安装中具有以下优势和劣势:

(1)优势:可以自航,比较灵活,不需要拖航即可自行到达安装地点进行施工。

(2)劣势:由于该船无法自升,所以工作时,船停泊于海面上,这对于船的稳定性要求比较高。因为风机的安装要求较精确,最好船能在静止的情况下进行安装,所以该船在安装时对天气要求较高,安装难度较大。为了提高自航式安装船作业时对环境条件

图 7-9 带定位桩腿的自航船

的适应性,自航式安装船还设置有定位桩,以减小在较大风浪中的运动,提高安装作业的效率和精度。

7.3.4　海上风电机组安装船特点

由上所述,海上风电机组安装船因为其设计的特定任务,应具有以下特点:

(1) 配置有较大起重能力和起吊高度的起重机。

(2) 具有较大的甲板空间,以用于运输海上风电机组的各组成部分。

(3) 设置了定位或起升用桩腿,用以保证起吊和安装精度,并扩大了安装作业对环境条件的适应性。

(4) 船舶的主要要素比较接近,适应运输、起重和操纵的特殊要求。

(5) 作业就位和移位不需要拖轮拖行,节省大量拖航费用。

(6) 操作机动灵活,可避开不良海况条件,安全可靠。

(7) 通用性好,可做其他工程,如海上设备吊装、平台建造、海上维修等。

目前,安装风电机组的三种典型船型具有一个共同的特点,就是均带有定位桩,这是因为风电场高度高,需要有大起吊高度的起重机。而在海上,除了起吊和移动重物带来载荷变化以外,漂浮在海水中的船舶和附属设备还将受到波浪和水流的侵袭,水面上的部分要受到风力的作用,很小的船体晃动将导致高空安装作业很难完成,因此设置了桩腿,但不同类型船舶桩腿的功能有着显著的差别。从现有的资料看,这三类船型均具有一定的作业业绩,均适用于海上风电场的安装。

可以预见,由于能源日益紧缺,全球范围内海上风电产业发展迅猛,我国将会大力开发海上风电场。目前我国还没有专用于海上风电场安装的船舶,借鉴国外成功的经验和船型,借助国内船舶行业快速发展积累的技术和设备,我国研究、设计和建造海上风电场安装船舶是可行和必要的。

7.4 海上风电机组的维护技术

维护海上风电机组的正常运行,要求安全性高、可靠性高。目前,海上风力机组维护主要包括定期巡检、停机维护(因故障而维修)、状态监测和故障诊断三种维护技术。

1) 定期巡检技术

主要是每隔一段时间要对机组及其关键零部件进行检查,如全部或抽检螺栓的力矩和主要电气连接,检查各传动部件之间的润滑、冷却和密封等。其优点是该巡检是按照计划执行的,基本不需要长时间停机,备品备件一般有储备。由于海上风电场的可达到性较差,配件、部件及工作人员的交通费用比较高,而且受天气影响较大,定期巡检需要事先计划。

2) 停机维护技术

因为当机械或电气零部件发生故障导致风电机组停止时,需要配备专用船只和技术人员赶赴现场进行停机检修或更换零部件,该维护租用设备的费用高,长时间停机导致的发电量损失也很大。停机检修的缺点是:如果发生大故障,需要停机检修的时间长,加上天气和海况不适宜时,维护人员不能及时对机组进行维修,导致停机时间加长,发电损失巨大。

3) 状态检测和故障诊断技术

对风电机组主要零部件进行实时监测,实时采集设备的运行状态并进行实时分析,及时诊断零部件存在的问题和隐患,根据诊断的结果及时采取相应的措施来避免重大故障的发生。状态监测和故障诊断的优点是部件能最大限度地被利用、停机概率较低、检修方案可计划执行、部件供给比较方便。

在实际工程中,由于受海上盐雾、潮湿、台风和海浪等恶劣自然环境的影响,海上风电场的相关易损件失效比陆上发生快,机械和电气系统故障率大幅上升,导致检修维护的频率加快,增大了风电机组维护的支出。主要表现在以下几个方面:

(1) 由于海上天气多变,海上风电场的可达到性差,陆上风电场对风电机组的日常巡检在海上风电场不可能实现,风电机组一般需要按规律检查或维护。规律性检查是每六个月一次,大型检修每五年进行一次,但是海上风电场定期的维修检查计划难以实施,如果大部件发生故障,则需要动用大型工程船进行运输与吊装,导致成本非常高。

(2) 目前风电机组的维修采用的是每台机组均配置一台或两台起重机,此方案成本高,一旦大部件发生故障,很可能导致长期停机、发电量严重损失,而采用常规大型工程船进行维修施工成本极高。因此,针对海上工况的特殊性,需要采用风电机组维护的专用设备,所以在对海上风电机组进行设计时就必须充分考虑到机组的可靠性和可维护性。机组的关键机械零部件仅需进行疲劳度加强设计,电气系统则实施冗余设计策略,紧固件采取多种防松措施,以此保证机组的年可利用率,并将可维护性的理念落实在结构选型、连接形式、吊装接口、结构布局等设计细节上。同时,为方便海上风电机组零部件的维护维修,需开发低成本的专用吊装设备和拆卸工装,最大限度地实现风电机组零部件的在线维护,降低海上风电场的运行成本。

7.5　海上风电场的运维安全性分析技术

7.5.1　海上风电机组基础的分类

海上风电机组的海床基础运维问题,仍是制约海上风电大规模发展的瓶颈之一,其最突出的问题是成本过于昂贵。由于风电机组的运行对基础的稳定性要求很高,加之海水冲击与浸泡的特殊环境,所以其建设成本要远远高于陆上风电机组。

目前海上风电机组基础要分为两大类:悬浮式和底部固定式。悬浮式主要利用海水的浮力及绳缆的固定作用,将风电机组"固定"在海里;底部固定式是利用单桩或多桩直接把塔架与海底基础连接起来。目前浅海区域多采用单桩或三桩结构,而深海区域则多采用悬浮式基础。

1) 悬浮式基础

悬浮式基础适用于深海区域,在保证风电机组正常运行的情况下,悬浮式基础可以大大降低基础的建设成本,从而降低海上风电的生产成本,但是在强风等恶劣环境下,其可靠性远远不及底部固定式,所以在其基础缆绳及底部配重的设计上要求留有较大余量。

2) 底部固定式

相对于悬浮式,稳定性更加优越,不会受海水波浪冲击效应的影响。由于其底部与海底直接刚性连接,所以不会有较大幅度的摆动,这很好地保证了塔顶发电机组的平稳运行。同时对于主轴而言,载荷的波动较小,这有力地延长了主轴的使用寿命,降低了风电机组的使用成本。对于底部固定式基础,由于浸泡在海水中,长期受海浪、洋流的冲刷作用及海水的腐蚀作用,基础易发生松动,严重时甚至会导致风电机组的倾覆,这个问题必须引起重视。建议要在风电机组上安装基础实时监视装置,然后通过无线发射器将检测信号传输至主控室,以便安全检修人员及时发现和排除风电机组基础安全隐患。

风电机组各个部分都体积庞大、部件笨重,所以一旦需要维修,就必须要借助大型起重设备(海上起重设备一般是大型起重船舶),如图 7 - 10 所示。在海上,起重设备的使用很不方便,对风速、风向及天气的要求相当高,很难保证设备吊装的平稳性和安全性,所以这就有必要在风电场设计与布局时,提前考虑在日后维修时要给起重设备留出足够的安全空间。同时,风电机组的微选址不仅要考虑风资源状况,还要考虑起重泊船是否便于作业施工,以便日后维修、维护工作的开展。除此之外,还要考虑维修工作人员进入海上风电机组的方式,目前正在研究在风电机组顶部修建小型直升机停机平台,但尚未投入商业化运营。

7.5.2　主要部件的共振分析

共振会加剧风电机组在运行时的振动幅度,甚至超过机组许可的振动幅度,就会损坏风力发电机组的构件甚至造成机组解体等严重事故,所以一定要考虑到共振的影响。

图 7-10　海上风电机组维修图

与陆地相比,海上风电机组不仅要远离风的固有频率,还要远离海浪、水流冲击的频率。

风电机组的整体固有频率与上述频率的范围差距越大越有利于风电机组的安全,这样风电机组部件的可用频率范围就相对减小很多,导致设计和制造难度加大。制造时要严格控制机组各个部分的频率范围,使其符合特定地区对风电机组共振频率的要求。

7.5.3　极端恶劣环境分析

在我国南方沿海地区,夏季和秋季经常会遭受台风和强热带风暴的影响,而在北方沿海地区,冬季经常会出现严寒低温、海面结冰等情况,因此海上风电机组必须要考虑台风、海啸、冰冻、海冰等极端恶劣天气的影响。

首先,海上风电场的选址避免遭受上述极端天气影响很是关键。风电场的选址要尽量选择风速稳定、台风路径较少经过的区域。对于北方可能出现海冰的区域,要根据往年气象资料,研究海冰厚度及对风电机组的影响,然后进行试验模拟,最后科学选址。在风电机组设计时,要考虑破坏性天气发生时对风电机组的损坏,以及制定相应的安全防范措施。比如,风电机组的叶片强度可以根据塔架及机舱的强度而设计,使其强度低于塔架的强度,这样在遇到破坏性强风的时候,叶片可以先行断裂脱落,从而最大程度地保护主机舱,把损失减小到最低。

7.5.4　海上作业安全的影响分析

海上风电场一般会占据近海区域较大水域面积,这给过往航船及水下航行设备带来安全隐患,同时过往船只也会对风电场的安全造成威胁。特别是在夜间及大雾、暴雨天气时,能见度低,发生船只与风电机组碰撞的可能性大大增加。所以海上风电场要有与之配套的、合理的航船导航设施,要求清晰明了、醒目且可靠性高,这就能降低航船误入风电场区的可能性,以免造成不必要的悲剧。

7.5.5　风电机组的防火技术分析

陆上已经并网发电的风电场在运行期间,已经发生多起风电机组失火事故,这一方面说明风电机组在运行时电气部件的可靠性和耐用性尚且不足,经受不住风电场严酷工作环境的考验;另一方面,也说明了目前风力发电机组在设计阶段对防范火灾的考虑不够,对于发生火灾时没有设计一套完善的应对预案。

海上风电机组由于受海上天气条件的影响,一旦发生突发事故,运行维护人员无法保证迅速到达现场,若发生火灾,也无法迅速组织灭火扑救,所以海上风电机组在设计阶段就要充分考虑火灾发生时的应对策略。

机组的防火关键在机舱部分,为了减轻机舱重量,现在在风电机组的经济舱设计中应用了许多质量轻、强度高、韧性好的复合材料和有机材料,但是这些材料一般都具较高的可燃性。此外,机舱中有很多电气接线和塑料部件,这些在火灾发生时都会加剧燃烧,给机舱防火带来极大的安全隐患。

因此,在设计机舱结构时,尽量减少机舱里电缆的接头数(电缆接头一般是引发电缆燃烧的罪魁祸首),并且把不可避免的电缆接头用防火材料包裹;对于机舱中的塑料电气原件,要尽量放置到铁皮柜中,即使这些塑料部件发生燃烧也仅仅在铁柜内燃烧,而不会把火灾蔓延到别处;在机舱中,设计专门的自动灭火系统,可以在机舱顶部安装多组火灾感应器及灭火剂喷头,一旦发生火灾,即可触发火灾报警器,然后启动自动灭火系统,迅速喷洒灭火剂灭火,这样可以把火灾损失减小到最低。

8

海上风电场资源评估及
选址技术

本章基于对国内外海上风电场资源评估的调研资料,介绍了海上风电资源评估和选址技术,给出了海上风电场的场址勘测技术、选址准则及方法等的详细说明。

8.1 海上风电资源评估

8.1.1 风能资源评估技术

风能资源评估是对风的自然属性进行评估,如风速的持续性可以直接体现当地风能资源的可利用率。通过对风速、风向、气温、气压、空气密度等观测参数分析处理,估算出风功率密度和有效年小时数等量化参数。

风能资源的评估目的是确定区域风能资源储量,为风电场选址、风电机组选型、机组布置方案的确定和获能电量计算提供参考依据。当前国内外的风能资源评估方法主要分为:①基于测风塔观测数据建立不同的数学模型,有效地将气象站和测风塔的观测数据转化为风能、风功率等风能资源评估参数的数理统计评估方法;②利用计算机模拟技术结合测风塔观测数据、中尺度数据实现对近地层风能资源进行分析的数值模拟评估方法。但经过大量的调查研究显示,陆地风能评估方法标准不能完全适用于近海风能评估。

近30多年来,我国近海风能资源评估的技术方法主要有四种:

(1)基于气象站等历史观测资料的海洋风能资源评估。基于气象站等历史观测资料的方法由20世纪70年代末发展至今。随着气象观测设备的快速发展和获取观测资料技术手段的提高,观测精度已有很大的提高和改善,但各观测站水平分布不均匀、观测时段不同步、海上建测风塔耗费巨大。

(2)基于再分析资料的海洋风能资源评估。基于再分析资料近几年使用较多,再分析资料分布均匀,时段较长,但时空分辨率较低,近海靠岸区域代表性不好。

(3)基于数值模拟的海洋风能资源评估。基于数值模拟的方法由20世纪80年代末发展至今。该方法可获得较高分辨率的海洋风能资源分布特征,确定各高度层资源储量和技术可开发量,但因无法获得真实的初始场和边界条件,使模拟值与真实值存在较大差异,通常需与观测资料联合使用。

(4)基于卫星遥感技术的海洋风能资源评估。基于卫星遥感技术的方法主要是近10多年发展起来的,卫星遥感资料覆盖空间范围大,卫星资料的获取较在海上建设测风塔经济,但也存在时空分辨率较低、精度也较差、仅提供距海面10 m层风场等问题。

随着大规模风电接入电力系统,精确可靠的风能资源评估,可以有效地降低风电并网所带来的风险。现有的风能资源评估方法和模型还存在一定的局限性,特别是对风能资源的间歇性和不确定性的预测难度极大。目前,海上风电开发在内的海洋可再生能源发展面临着极大的挑战,在相当一个阶段内还难以和水电、风电、太阳能等陆地可再生能源相竞争,海上风电开发任务依旧任重而道远。

8.1.2 国外海上风电场资源评估

欧洲是当前全球最大的海上风电行业市场。截至2014年,丹麦是全世界发展最好的国家,丹麦风电发展的成功与其政府的大力支持密切相关。发展初期,为扶持风电产业,政府规定电力部门风力发电必须占有一定的配额,在电价方面也有一定的补贴。丹麦环境部早在 1979 年就要求风电强制上网,由电力公司支付部分并网成本。1992 年起,要求电力公司以 85% 的电力公司的净电力价格购买风电,这其中不包括生产和配电成本的税收。2017 年,欧洲海上风电新增装机容量为 3 148 MW,占全球海上风电新增装机容量的 72.6%;海上风电累计装机容量为 15 780 MW,占全球海上风电累计装机容量的 83.9%。欧洲海上风电开发的主力国家有英国、德国、丹麦、荷兰、比利时等。其中,英国是全球海上风电的第一大国,拥有海上风电项目 31 个,并网海上风电机组台数 1 753 台,2017 年新增装机容量 1 679 MW,累计并网容量达 6 835 MW。德国自 2012 年以后逐渐成为世界上重要的风电工程市场,其政府也明确提出必须在国内开展新能源转型工作,加大力度发展海上风电行业。截至 2017 年,德国拥有海上风电项目 23 个,并网海上风电机组台数 1 169 台,累计并网容量 5 355 MW。

　　丹麦风能研究和咨询机构 MAKE 发布的《全球海上风电市场报告》显示,2017 年欧洲海上风电新增并网容量达到创纪录的 3 148 MW,其中包括首座投运的漂浮式海上风电项目——坐落于英格兰海域的 Hywind 风电场。该项目于 2015 年年底开始筹备,共包含 5 台 6 MW 的风电机组,已于 2017 年 10 月 18 日正式投产,截至目前,风电场的运行状况良好,并经受住了极端海况(大风、大浪)的考验。随着海上风电场离岸距离和水深的不断增加,漂浮式平台成了海上风电场经济、可行的首选。从 2000 年开始,欧美开始研究承载风电机组的漂浮式平台,对多种基础形式进行了模拟验证,并于近几年陆续开展样机及示范风电场的建设。除了前述的 Hywind 风电场,法国首个漂浮式风电机组"Floatgen"也已投入运行;同时美国、日本也在积极探索海上漂浮式风电技术,特别是在福岛核事故后,日本已经加快海上漂浮式风电机组的验证和推广工作。

　　欧洲拥有世界一流的海上风电制造企业和技术水平。截至 2017 年年底,在欧洲累计并网的海上风电机组中,Siemens Gamesa 占据了最大的份额,占并网容量的 63.29%、占并网台数的 63.80%,其次是 MHI Vestas 占并网容量的 18.35%、占并网台数的 22.13%,见表 8-1。欧洲的投标机组已经从以 6 MW 为主向 7~8 MW 过渡。到 2020 年,试验机型将达到 12~14 MW 的水平,叶轮直径相应地从现在的 150~170 m 增加到 200 m 以上。

表 8-1　截至 2017 年年底欧洲海上风电装机容量和台数

整机商	并网容量/GW	并网容量占比	并网台数/台	并网台数占比
Siemens Gamesa	10.0	63.29%	2 647	63.80%
MHI Vestas	2.9	18.35%	918	22.13%
Senvion	1.2	7.59%	206	4.97%
Adwen	1.0	6.33%	202	4.87%
其他	0.7	4.43%	176	4.24%
总计	15.8	100.00%	4 149	100.0%

英国政府强有力的海上风电政策支持体系是英国成为全球海上风电第一大国的重要原因。英国海上风电产业的起步晚于丹麦及瑞典等国,通过出台一系列的政策大力支持海上风电的发展实现超越。可再生能源配额制是支撑英国海上风电发展的核心政策。

英国从 2002 年起实施可再生能源配额制度,该制度本质上是一种强制配额制度,希望以市场分配手段降低成本,实现更有效率的可再生能源发展模式,英国可再生能源配额制运转流程如图 8-1 所示。电力生产企业利用可再生能源每生产 1 MW·h 的电量,就可以获得一定数额的"可再生能源义务证书"。电网企业可以通过提交这些证书来完成自己的义务,对于未完成的部分则必须按照规定的买断价格支付一定费用。为了加大对海上风电的支持力度,2009 年英国规定 1 MW·h 海上风电电量可以获得 1.5个可再生能源义务证书,并在 2010 年又进一步提高至 2 个可再生能源义务证书,大大高于其他形式的可再生能源,有利于海上风电企业从可再生能源义务证书市场交易中获得更多补偿,为海上风电发展提供了巨大的支持。随着海上风电技术的进步、成本逐步下降,英国将 1 MW·h 海上风电可以得到可再生能源义务证书下降到 1.8 个。在可再生能源义务证书的价格构成中,主要包含两部分:一部分是买断价格(电网企业未完成部分),一部分是返还价格(政府补贴)。2002—2017 年,买断价格不断上升,而返还价格不断下降,体现了英国可再生能源证书市场化逐步完善,2002 年以来英国可再生能源证书价格变化情况见表 8-2。

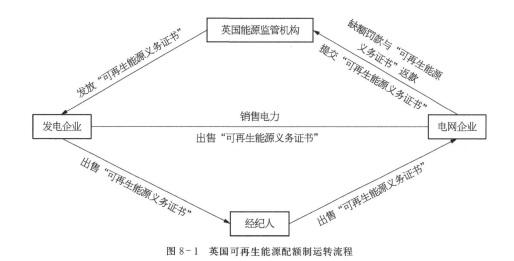

图 8-1 英国可再生能源配额制运转流程

表 8-2 2002 年以来英国可再生能源证书价格变化情况

（单位：英镑/个）

年　度	买断价格	返还金额	可再生能源义务证书价格
2002—2003	30	15.94	45.94
2003—2004	30.51	22.92	53.43
2004—2005	31.39	13.66	45.05

年　　度	买断价格	返还金额	可再生能源义务证书价格
2005—2006	32.33	10.21	42.54
2006—2007	33.24	16.04	49.28
2007—2008	34.3	18.65	52.95
2008—2009	35.76	18.61	54.37
2009—2010	37.19	15.17	52.36
2010—2011	36.99	14.35	51.34
2011—2012	38.69	3.58	42.27
2012—2013	40.17	3.67	43.84
2013—2014	42.02	0.7	42.72
2014—2015	43.3	0.35	43.65
2015—2016	43.33	—	—
2016—2017	44.77	—	—

可再生能源配额制度向差价合约固定电价政策过渡方案和初步框架的出台进一步推动英国海上风电发展。

2011 年 7 月，英国发布了《2011 年电力系统改革白皮书》，2012 年又颁布了《能源法案草案》，着手改革可再生能源政策，提出了可再生能源配额制度向差价合约固定电价政策过渡方案和初步框架：从 2014 年起，高于 5 MW 的发电企业可以在可再生能源配额制度与差价合约固定电价政策之间进行选择；而 2017 年 4 月以后，对新上项目的实施将不再实行可再生能源配额制度政策；原有项目继续实施可再生能源配额制度至 2037 年，同时 2027—2037 年的 10 年间，政府将以固定价格直接向发电企业收购可再生能源义务证书以减少价格和市场波动，确保企业获得可预期收益。根据已公布的数据，海上风电的合约电价处于较高水平，2014—2019 年的合约电价分别为 15 英镑、155 英镑、150 英镑、140 英镑、140 英镑，仅低于潮汐能、波浪能的价格水平，这为海上风电的可持续发展奠定了基础。

8.1.3　我国近海风电场资源评估

我国海上风能资源丰富主要受益于夏、秋季节热带气旋活动和冬、春季节北方冷空气影响。各沿海省市由于地理位置、地形条件的不同，海上风能资源也呈现不同的特点。从全国范围看，垂直于海岸的方向上，风速基本随离岸距离的增加而增大，一般在离岸较近的区域风速增幅较明显，当距离超过一定值后风速基本不再增加，平行于海岸方向上，我国风能资源最丰富的区域在台湾海峡，由该区域向南、北两侧大致呈递减趋势。

台湾海峡年平均风速基本在 7.5～10 m/s,局部区域年平均风速可达 10 m/s 以上。该区域也是我国受台风侵袭最多的地区之一,风电场以国际电工委员会(IEC)标准中的 Ⅰ 或 Ⅰ＋类为主。从台湾海峡向南的广东、广西海域,90 m 高度年平均风速逐渐降至 6.5～8.5 m/s,风电场大多属于 IEC 或 Ⅱ 类。从台湾海峡向北的浙江、上海、江苏海域,90 m 高度年平均风速逐渐降至 7～8 m/s,浙江和上海海域风电场大多属于 IEC Ⅱ 至 Ⅰ＋类,江苏海域风电场大多属于 IEC Ⅲ 或 Ⅱ 类。位于环渤海和黄海北部的辽宁、河北海域 90 m 高度年平均风速基本在 6.5～8 m/s,该海域风电场大多属于 IEC Ⅲ 类。我国沿海各省风资源统计见表 8－3。

表 8－3 我国沿海各省风资源统计表

省(市)	年均风速(90 m)/(m/s)	IEC 等级
辽宁	6.5～7.3	Ⅲ
天津	6.9～7.5	Ⅲ
河北	6.9～7.8	Ⅲ
山东	6.7～7.5	Ⅲ
江苏	7.2～7.8	Ⅲ～Ⅱ
上海	7.0～7.6	Ⅱ～Ⅰ
浙江	7.0～8.0	Ⅱ～Ⅰ＋
福建	7.5～10	Ⅰ～Ⅰ＋
广东	6.5～8.5	Ⅰ～Ⅰ＋
广西	6.5～8.0	Ⅱ～Ⅰ
海南	6.5～9.5	Ⅱ～Ⅰ

而中国市场现状,目前仍停留在 4 MW 为主的时代。2017—2018 年,5～7 MW 的新增装机正快速增长,到 2020 年,中国海上新增装机马上进入以 8～9 MW 为主的阶段。预计在 2025 年,中国海上风电场将迎来 10 MW 时代。但中国与欧洲仍存在约 3 年迭代期的差距。

综上所述,我国大部分近海海域 90 m 高度年平均风速在 7～8.5 m/s,具备较好的风能资源条件,适合大规模开发建设海上风电场。我国长江口以北的海域基本属于 IEC Ⅲ 或 Ⅱ 类风电场,长江口以南的海域基本属于 IEC Ⅱ 或 Ⅰ 类,局部地区为 Ⅰ＋类风电场。与 Ⅰ 类风电场相比,Ⅲ 类风电场 50 年一遇最大风速较低,适合选用更大转轮直径的机组。由于单位千瓦扫风面积的增加,同样风速条件下,Ⅲ 类风电场的发电量更高。风电场理想的风资源应该是具有较高的年平均风速和较低的 50 年一遇最大风速。因此,从风能资源优劣和受台风影响的角度考虑,长江口以北的海域更适合海上风电的发展。

8.2　海上风电场选址技术

8.2.1　场址勘测技术

1）风能资源条件评估

海上风电场选址,首先必须对一个地区的风能资源进行评估。可以通过该地区的气象台站获得气象数据,主要包括年平均风速、风向变化规律、年平均气温、极端最高风速、极端最高(低)气温、气象灾害等。一般风电场选择下列地区:

(1)风能资源丰富区:10 m 高度的年平均风速 6 m/s 以上,风能密度大于 20 W/m^2 的地区。

(2)盛行风向稳定的地区:可以根据气象统计资料绘制全年的风向玫瑰图来判断主要风向。

(3)风速日、年变化较小的地区:通过绘制风速频率分布直方图(柱状图),分析风速的分布状态及变化规律。

(4)年有效风速累计小时数高的地区。对于风电场而言,风电机组年利用小时数最低要求为 20 h,即单机容量为 600 kW 的风电机组年发电量不能低于 12 MW·h 才具有开发价值。当风电场风电机组平均年利用小时数达到 250 h,风电场具有良好的开发价值;超过 3 000 h,为优秀风电场。

因而,掌握风能资源情况对估算风电场发电量及评估潜在的效益非常重要。

2)自然地理条件勘测

(1)地理位置。主要指风电场的地理位置、海拔高度及交通运输状况。地理位置关系到发展风电的必要性与可行性,海拔、交通条件等直接影响到风力发电机的施工安装及运行管理。

(2)地质、地形条件。风电场选址要求在工程地质条件和水文地质条件较好的地区。作为风电机组基础持力层的岩层或土层应厚度较大、变化较小、土质均匀、承载力强。地形条件是指风电场的地形、地貌及障碍物等,不同的地形会影响风的正常流动,从而波及风电机组的正常运行和使用寿命。风电场的建设尽可能选择开阔、宽敞、障碍物少、粗糙度低、对风速影响小的地区。另外,风电场的地形应该比较简单,便于大规模开发,有利于设备的运输、安装和管理。

(3)用地条件。风能资源是风电场建设的前提条件,除此之外,限制风能资源开发的最重要因素就是可用于风电场建设的土地面积。当风电场场址选定后,其平均有效风功率密度,即单位扫风面积的风功率基本是一个定值。风电机组的单机容量,即每台机组所能吸收的最大风功率决定于其扫风面积,这与风轮直径 D 的平方成正比。在排布风力发电机组时,通常相邻两台风机的横向间距是 3～5 倍的叶轮直径,纵向间距是 5～8 倍的叶轮直径。假设是在平坦开阔的场地布置风机,并且按照典型的布置要求,即横向间距为 $4D$、纵向间距为 $8D$,则每台机组的占地面积为 $32D^2$。照此计算,在开阔平坦地区每平方千米大约可装机 8 000 kW,一个风电场的建设面积通常在数十公顷甚至数百公顷。

3）经济条件和社会条件分析

经济条件,即地区经济发展状况对风电发展需求的程度及发展风电的承受能力;社会条件,即建设风电场所带来的环境效益和社会效益。

（1）经济条件。在市场经济条件下,风电成本和效益是影响其发展速度的重要因素之一。风电场建设的一次性投资比较大,并且我国大部分风电设备依赖进口,这是造成风电成本偏高的主要原因。但是煤、石油价格由于市场的迫切需求而日益上涨,电力需求量又不断上升,国内风电设备研发力量不断增强,从而形成了对风电发展极为有利的外部经济条件,因此发展风电势在必行。故具有发展风电潜力且具有发展必要的地区,如果受经济条件的限制,可以适当辅以政策手段加以扶持调控。

（2）社会条件。风电场的选址必须进行环境影响评估,既包括风电场对改善能源结构、减轻环境污染、保护生态环境等方面产生的社会效益和环境效益,还要包括影响地区景观、对附近鸟类等生物栖息繁衍的干扰,以及风力发电机运行所产生的噪声污染和电磁干扰等不利影响。总体来看,风电场的建设对环境的负面影响是微乎其微的,而在改善能源结构、减轻环境污染等方面的贡献是巨大的。

8.2.2 选址准则及方法

根据各国的海上风电场经验,综合各种影响因素,得出风电场选址的几项基本准则:

（1）考虑风资源的类型、频率和周期。

（2）考虑海床的地质结构、海底深度和最高波浪级别。

（3）考虑地震类型及活跃程度和雷电等其他天气情况。

（4）考虑城市海洋功能区的规划要求。

（5）场址规划与城市建设规划、岸线和滩涂开发利用规划相协调。

（6）符合环境和生态保护的要求,尽量减少对鸟类、渔业的影响。

（7）避开航道,尽量减少对船舶航行及紧急避风的影响。

（8）避开通信、电力和油气等海底管线的保护范围。

（9）尽量避开军事设施及周围。

（10）考虑基础施工条件和施工设备要求及经济性,场址区域水深一般控制在 5～15 m。

选址是风电场建设之前的重要工作,场址选择的恰当与否直接影响其投资成本、能源利用效率及对生态环境的影响。目前,用的选址方法有以下三种:

1）资料分析法

搜集初选风电场场址周围气象台站包括海拔、风速、风向、气压、湿度、降雨量、气温,以及灾害性天气发生频率统计结果的历史观测数据。在初选场址内建立测风塔,对10 m、70 m、100 m 高度的 10 min 平均风速、风向、气温、气压及脉动风速平均值进行至少一年以上的观测。根据数据整理分析,将气象参数修正到初选场址区域。

2）实地调研法

资料分析法主要针对条件较好的区域,如果某些地区缺少历史测风数据,同时地形复杂,不适宜通过台站观测数据来订正到初选场址,可通过当地地形地貌特征、植物变形情况、风成地貌现状,并综合当地居民调查,对场址内风资源情形进行评估。

3）软件分析法

随着数值模拟技术的快速发展,商业分析软件越来越多的应用于风电场微观选址工作中。目前,常用的风电场微观选址及风资源评估的软件有:WAsP 和 WindPro 软件,适用于相对平坦地形上风电场选址及风资源评估的;WindSim 软件,基于计算流体力学方法对风电场选址及风资源进行评估;可将风电场各类数据处理及综合评估集成在一个程序中实现快速精确计算处理的 GHWindFarmer 软件;等等。

8.2.3 选址案例

1）风电场选址原则

风电场是否被设置在合适地址决定了它是否能有效地发挥其效益,所以必须重视风电场的选址。国家发改委在 2003 年颁布的《风电场场址选择技术规定》就对风电场的选址做出了指导。该规定指出,在风电场的选址上,一般应遵循的原则有:根据全国风能区域划分,把风电场选择建在风能丰富或比较丰富的区域,这样不仅能保障风电场能有效地运转,还充分利用了国家的风力资源。风电场的选址除考虑当地风力资源丰富状况外,还要考虑其周围地形,风电场应选择建在地形平坦开阔、盛行风稳定、风速稳定的地区。

2）风电场的宏观选址

（1）区域初选:是指在一个较宽泛的区域中找出能进行风能开发的位置。这些位置是需要通过气象站监测所得的风能数据和周围环境来选出的,通过气象站长期监测风能数据和该区域四周环境状况,根据这些数据确定能够进行风能开发的区域。需要注意的是,气象站监测风能的有效数据至少应为一年的数据。

（2）评估区域风能资源。初选出适合开发风能的区域后,要对这些区域的风能资源展开再次评估,优选出最适合建风电场的区域。用于评估风能资源的主要参数有:年平均风速、风频及风向、年风能可利用时间等。其中,年平均风速是最重要的参数,它是依据当地风在一年内的瞬时速度求平均值所得,很好地体现了风能资源的大小;风频用来判断当地风向是否足够稳定,其内涵是不同风速的风在一定时长内出现的频率,如果主导风向出现的频率在 30% 以上,就说明该地风向比较稳定。一般说来,只要当地有稳定的盛行风,年平均风速在标准空气密度下不低于 5 m/s,风速在同等条件下为 3～25 m/s 内,风机的年等效满发小时数时间多于 2 000 h,就可以建风电场。

3）风电场的微观选址

风电场的微观选址是以风电场的宏观选址为基础的,它是在已确定风电场宏观选址的前提下,进一步确定风力发电机组的选型、不同类型风电机在该区域内的分布安装位置,由于风力机的型号、风力机在风场中的布置方式与风能利用水平紧密相关,甚至可以说是直接影响风电场的经济效益。微观选址是风电场选址中的关键环节,在微观选址时,需要考虑的因素有地质、国土地类等。充分地考虑、分析这些因素,结合当地风资源的实际情况,对风电场选址做出优选。

风电场选址的具体步骤:

步骤1:核算出风电场整体风资源,挑选出风能资源较丰富区域。

步骤2:考虑具体的地形情况和道路情况,在坡度平缓、交通便利、施工方便的区域布置风机。

步骤3:完成以上两步后,根据间距的不同来制订多种方案。例如,主风向上的风机之间的间距应设置为风机直径的5～9倍,垂直主风向上的风机之间的间距应设置为风机直径的3～5倍,同时要依据场址的实际范围、风电场容量等调整间距。

步骤4:在确定好风机之间的距离后,需要考虑发电量、湍流强度、尾流损失等,并计算它们的影响程度,布置好风机。

步骤5:在多方案中优中选优,确保风机间距合理科学。

4) 典型案例

天津是我国北方最大的沿海开放城市,管辖海域范围总面积约2 146 km²,海岸线全长153.67 km。目前,天津已有风电项目风电场布局均在岸线两侧布置,结合海洋行政等相关部门关于风电场的选址等相关文件及未来发展需求,天津沿海是否具备规划建设海上风电场的条件是研究的重点。为此,针对天津沿海开发建设海上风电场的可行性,结合区域现状条件,以分区域原则,综合考量海域开发利用现状、海洋功能区划、相关法律法规规定要求、海洋资源环境响应等多角度,建立了海上风电开发利用选址综合评估方法体系,综合评估并分析天津沿海海上风电选址的可行性,为天津沿海未来海上风电场的发展提供基础和借鉴。

图8-2是天津沿海海上风电场布局可行性评估结果图,由图可知:

(1) 天津管辖海域10 m等深线以内:根据《国家海洋局关于进一步规范海上风电用海管理的意见》(国海规范[2016]6号),对海上风电场选址的新要求,不满足风电场选址的要求。

(2) 天津管辖海域10 m等深线以外:由于与海洋功能区划不符,且航道、航线与锚地密布、石油平台与输油及排污管线交织,海洋空间资源开发利用率极高。因此,天津管辖海域内目前暂不具备规划建设风电场的条件。

(3) 天津管辖边界线至20 m等深线。

东经118°15′以外海域:因距天津较远,路由上岸条件明显要优于天津,且中间有黄骅港及锚地等的截断影响,因此该部分区域不属于天津沿海发展海上风电场的范围(其中20 m等深线距天津52 km、距河北30 km、距山东25 km);

10 m等深线至东经118°15′黄骅港及锚地界以北至38°47′(天津港航道)之间区域:受海底管线分为上、下两个区块,其中Ⅰ区面积约为50 km²(长约11 km、宽约4.6 km);

Ⅱ区面积约为80 km²(长约12 km、宽约6.6 km),尚存发展海上风电的可能性,但应进行充分的研究、论证与分析。

(4) 20 m等深线至25 m等深线:25 m等深线已远离天津海域,进入渤海中部海

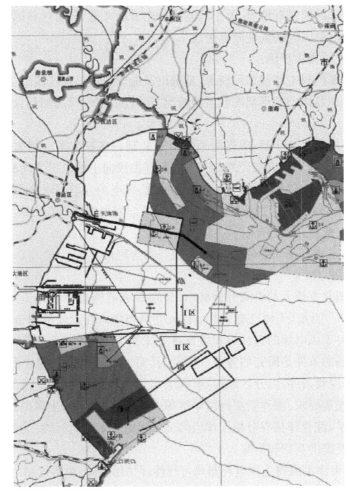

图 8-2　天津沿海海上风电场布局可行性评估结果

域,距辽宁海域距离较近,故不属于天津沿海发展海上风电场的范围。

9

海上风电机组防台风技术与控制措施

本章介绍了台风对海上风电机组的危害,通过分析台风易发地区风电机组遭遇台风的主要问题,介绍了台风对风电机组结构破坏机理及影响,并从防控设计方面给出了相应的控制策略及措施。

9.1 台风对海上风电机组的危害

海上风力发电作为一种可再生能源的发电形式,自产生之日就倍受人们的关注。华南沿海蕴藏丰富的风能资源,一直在风电开发领域居于领先地位,但是由于设备和技术等多方面的原因,沿海风力发电一直被其特殊的台风恶劣气候所影响,其中如何有效地防抗台风和利用强风获能一直是风电领域探讨和研究的关键技术。由于海上风力发电技术的进步和融资环境的改善,新建的风电项目成本已经越来越接近火电和水电成本。随着兆瓦级风电产品的定型,在成本、市场和技术等方面问题逐步解决的同时,风力发电市场呈现出了前所未有的高速增长势头。但是,我国风力发电起步较晚,风电技术还比较落后,专业技术力量还十分薄弱,各大投资商的风电项目"圈而缓建"。这其中固然有市场和政策方面的影响,而更深层次的原因是,随着技术研究逐步深入的时候,人们发现沿海风电场的风资源远比北方风电场的风资源要复杂得多,尤其是因为要对抗恶劣气候(如台风)而发生在微观选址、设备选型、工程建设等方面的投资和风险都会相应增大。这一问题学术上已有一些探讨,但暂时还没有一个较全面的技术和经济上的剖析。随着人们对风能利用技术的深入认识,尤其是对台风过程对风力设备的影响的深入认识,我们可以通过宏观规划、机型优化设计、微观选址等一系列技术和工具的应用,是可以有效回避和预防台风在沿海登陆过程中形成的湍流对风机设备造成的损坏。

目前国内外对风机防台风的研究工作还很少,由于地区气候差别比较大,因此许多风电业发展较快的国家,在开发风电项目时并不很需要考虑台风对风电的影响,欧美一些风电项目较多的国家也只是在开发海上样机,实际投产项目时才会考虑风机的防台风问题。中国南方沿海有丰富的风力资源,其气候有台风、盐分多等特点有别于其他地区的风资源情况。近 10 年,华南的风电也经历过一段时期的高速发展,但由于对南方的气候特点认识不是十分清楚,尤其是对台风的认识不清楚,许多项目在微观选址、风机选型、风电场设计中照搬西方国家或中国北方风电工作模式,致使该地区的一些风电投产项目因台风而遭受较大的损坏。

9.1.1 台风易发地区风电机组遭遇台风的主要问题

除了考虑整个风力发电的市场经济环境外,台风易发地区风力发电还要考虑相对内陆比较特殊的气候环境对风电设施的更为严峻的考验,根据风电发电原理,除了沿海海边盐雾、雷电等对风电设施的损坏或破坏外,风电设施还得面对平均每年 13 次不等的台风考验。根据风电发电过程中的设备性能、台风的形成等因素,又可以将台风分成两种情况:一种是能给风电设备带来满发的"好台风",一种是对风电设施有极大破坏的台风。

从总体来说,根据现有沿海各测风站的资料统计显示,台风易发地区风资源有如下特点：风速总体值大多只符合国际电工委员会标准 IEC 61400—12/13 中的Ⅱ级或Ⅲ级风力机选型的参数范围,但从设计角度来说,为了抵御 50 年一遇的极大风,风力机外部条件又必须按Ⅰ级甚至 S 级的要求来选择。该标准对 S 级风机进行了定义,对 S 级风机来说,国标引入了较为明确的技术指标参数要求,但我国目前对国外先进风机技术还有一个学习、消化吸收、革新再创造的过程。

严格意义上来说,市场上不管是国产风机,还是进口风机,大多还是按欧美Ⅰ～Ⅲ级分类,无法满足风电项目实际需要的 S 级,只有个别风力机厂商的 S 级机型正在进入中国市场(如印度的 Suzlon S64 1 250 kW 机组)。这给风电投资商和风电技术设计单位造成较大的麻烦,尤其是目前,因业内对风力发电的认识本来就很笼统,加之国内风机设备自主品牌基本上没有,现有的生产厂家大多还是靠引进为主,还没有针对具体风资源条件研发具有针对性的产品设计能力,这样不管是国产风机还是引进国外先进的风机产品并没有按这类风资源进行最优设计;从另一个角度来说,根据台风易发地区风资源情况进行设备制造技术的开发,以实现本地风电场风资源的充分利用,还任重道远。国家相关技术管理部门,在制定有关标准和规范时,也只能借助国外已有的技术规范和标准,但实践证明,这些标准中跟我国相当多地区的气候特点不完全吻合,甚至其中的差别还很大,这就给相关产业部门提出了新的研究课题。

9.1.2 台风对海上风电机组结构的破坏机理与影响

台风具有突发性,台风灾害危机的爆发突然、时间短促、传播迅速这一特征,要求风电场在非常有限的时间内做出反应,形成正确的判断,以争取宝贵的时间,使可能的损失最小化;因现阶段科学技术和手段无法准确预报台风路径等相关数据,为此台风灾害呈易变性的特点;而不同的台风或同一台风不同的登陆地点对于风电场而言也是完全不同的情况。台风极值风速大、湍流强度高、风向变化快,台风灾害一旦发生,就可能使风电场生产设备受到严重损害。

台风对风力发电机组的破坏机理主要是对设备结构的静载荷和动载荷叠加效应。

(1)静载荷效应:即风压对风机设备的影响,与设备结构形状系数、空气密度、风速平方及受风面积有关。台风时空气密度很大,风速有时高达 70 m/s,如果不能有效降低风机设备的受风面积,极易使风机设备超过设计载荷极限,造成设备损坏。

(2)动载荷效应:即湍流对风机设备的影响,很大程度上取决于环境的粗糙度、地层稳定性和障碍物,此效应在复杂的山地、丘陵地区尤为明显。湍流易使风机设备形成周期性激荡,如振荡周期恰好与风机固有振动周期相近,风机设备就会产生横向的共振,尤其是柔性结构和某些断面形状结构,一旦发生横向振动就会越振越烈,不断给设备施加疲劳载荷,使材料由外及内受到严重损伤或失效,直至超过设备的设计载荷极限,导致破坏设备。

台风对风力发电机组的破坏影响有以下几种:

(1)台风会破坏叶片表面,轻则影响叶片气动性能,产生噪声,严重的将因破坏叶片表面强韧性而降低叶片整体强度。图 9-1 为叶片被台风折断的情况。

(2)台风带来的狂风暴雨对陆上输电线路的破坏非常严重,轻则出现小故障,重则损坏设备及导致整个系统崩溃。

（3）破坏测风装置，使风力发电机组不能正确偏航避风，给机组带来很大危害。

（4）台风施加在设备上的静力效应和动力效应共同作用下，不断施加疲劳荷载，最后达到或超过叶片和塔架的设计荷载极限，轻则引起部件机械磨损，缩短风力发电机组的受命，严重的使叶片损坏及塔架倾覆。图9-2为风电机整体倾覆的情况。

图9-1　叶片折断

图9-2　风电机整体倾覆

我国东南沿海是风能资源丰富的地区，但该地区夏秋季台风多发还伴有雷击，易对风电场带来极大的破坏。台风对风电机组的主要损坏有：

（1）叶片因扭转刚度不够而出现通透性裂纹或被撕裂。

（2）风向仪、尾翼被吹毁。

（3）偏航系统受损等。

历史经验给我们很好的借鉴，做好防台风措施是减低台风对工程损失的最好途径。要使台风对工程影响减至最低，必须首先从设计上做好防患措施。

9.2　海上风电机组防台风措施

9.2.1　海上风电机组防控设计

充分利用风能资源、减少台风给风电机组带来的损失，不仅要求风电机组要考虑抗台风设计，同时前期的风电机组选型也要进行深入考虑，并制定相关技术保证。

1）微观选址

在风电场前期微观选址中，就需考虑到风电机组所处地形特点，尽量避开容易形成湍流的位置，选择在风电机组高度范围内风垂直切变值和地面粗糙度都较小的位置；若选择在容易形成湍流的位置安装，则应根据湍流的实际强度、角度设置相应的扇区管理,以保证风机在易发生大湍流的风向、风速区间内暂停,保护风机;扇区管理必须根据风机的实际运行情况定期进行必要的调整,以达到安全与效益的双最大化。

2）集电线路选型

台风影响变大时,风机受力最有利的状态是"暂停状态",即发电机脱网,叶片顺桨,风机可根据风向自由偏航对风,其他系统均处于可正常工作状态,当风速下降到正常区间时,可立即恢复运行,并网发电。但由于集电架空线路往往在风速最大、湍流最大时出现断线、接地跳闸等故障,造成大面积的风机受累失电,使风机处于各系统失灵和刹车制动的紧急停机状态。风电机组常出现的破坏形式是由于风电机组的供电中断,风电机组处于系统与叶轮刹车制动的紧急停机状态,使风机不能实现自由偏航对风,叶轮不能处于自由状态,最终导致各设备承载超过设计载荷极限,继而发生叶轮报废性损坏、倒塔等破坏。

因此,考虑到架空线路的高故障率,建议在海岛风电场及沿海风电场设计时采用地埋电缆的方式。相比架空线路,地埋电缆的投资成本较高,但是运行成本和电量损失将大大减小。

3）风机设备选型

现有风机多采用国外的标准设计,未充分考虑到台风期间风机的安全运行,使风机在遭遇台风时,损失巨大。研究表明,现有标准型风机破坏性风速区域集中在海南东部、粤西、粤东、闽南、闽北及闽浙交界附近的浙江沿海地区。因此,海岛风电场及沿海风电场在设计选型时就应充分考虑台风的影响,选择具有抗台风能力的机型,机型需配备强度更高的叶片、精良的测风设备和可靠的控制系统。针对台风频发海域的海上风电场风机应选择 IEC Ⅰ 类及以上标准的风机。

4）风机故障对策

为了避免风机因风速变化大、湍流大而报此类故障,现场需根据几年的运行数据分析出各风机报此类故障的风速变化范围及湍流情况,在台风期间根据现场实测风速等对各风机分别采取主动停机策略,即在风机实测风速临近该风机报此故障的临界风速时,将风机主变暂停,避免风机报故障紧急停机,使风机一直处于最有利的"暂停"状态,保护风机安全。

5）风机备用电源

台风期间,电网方面的供电可靠性也将大打折扣,电网方面事故跳闸也将同样造成风机失电,无法自保。因此,在风电机组设计过程中需考虑如何保证台风期间风机的电源供给。如果风电场场内集电线路采用地埋电缆时可配备柴油发电机,如果采用架空线路时可选用单机电池后备电源,在电网故障失电或场内架空线路故障失电时为风机提供基本的偏航电源。

6）支撑塔架防台风设计

支撑塔架造价只有风电机组的 10％,但它的安危却关系着两倍于风电机组的价值。因此,对于支撑塔架的设计要高度重视,不论是安全系数的选择还是结构设计中的细节。塔架的损坏主要有三方面的原因:门框处的加强筋板尺寸不够、结构失稳、塔架钢板厚度不够。因此,在设计中要使用台风专用安全系数修正后的极端荷载对塔筒各承重部件进行强度校核,综合考虑选择足够强度的壁厚配置。对塔筒的其他部分,如螺栓、法兰、焊缝等,也根据载荷报告进行极限强度校核,确保塔架适合台风地区的极限风况。

根据国际电工委员会标准 IEC 61400—12/13,机组载荷为极端风速工况,机组保持处于上述停机自保护状态时,叶片根部、塔架底部此载荷为输入条件,因此机组要能保证在台风模式下自身的安全。塔架和基础也需根据 70 m/s、3 s 的极限载荷进行载荷计算与设计,完全满足抗台风的设计要求。

7)叶片防台风设计

叶片是整个风电机组的薄弱环节,叶片细长、柔软,制造工艺质量较难保证,往往在台风过程中最先损坏。除了改进机械刹车的控制策略,改善叶片的受力状况外,对于叶片而言,关键是提高制造过程中的工艺质量,并建立有效的质量检查体系,确保内在质量符合设计要求。叶片结构一般为上下两片、有特定翼型的叶壳与承受主要弯曲应力的叶梁黏合而成,既要有足够的强度和刚度避免断裂失效及在载荷作用下产生形变,又要有足够的稳定性避免产生自然的共振,同时将重量控制在一定的范围内。根据以往台风损坏情况分析,叶片关键在于黏合质量的控制和结构设计中关键部位的强度保证。台风施加在叶片上的静力效应和动力效应共同作用下不断施加疲劳载荷,最后达到或超过叶片和塔架的设计载荷极限,轻则引起部件机械磨损,缩短风力发电机组的寿命,严重的使叶片损坏及塔架倾覆。

叶片的选用考虑了最大可能适合沿海风电场的风能资源,采取了抗台风、防盐雾、抗雨和抗沙尘的措施。叶片材料自身具备抗腐蚀和抗盐雾能力,同时叶片有充分的涂层,其前缘做了防腐蚀处理。其外表涂覆丙烯酸聚氨酯抗紫外线的涂层,有效地提高了叶片抗老化性能。以上设计措施大大减少了台风对叶片表面的破坏,影响叶片气动性能,从设计源头上防止台风破坏叶片表面强韧性,由此降低叶片整体强度。

8)偏航系统设计

台风作用在风轮和机舱上的倾覆力矩通过偏航系统传递给支撑塔架,同时变化的风向也会增加偏航系统刹车的荷载,因此起着承上启下作用的偏航系统必须能承受台风带来的巨大载荷。应采用专门修正后的载荷对偏航系统进行校核调整,偏航驱动齿轮尽量选用行星减速齿轮箱,避免采用涡轮蜗杆减速齿轮箱,以免在极端情况下,机舱被迫转向而损坏偏航系统。

9)其他部件的设计改进

性能可靠的测风仪器是提高风能利用率和机组安全运行的保证。使用受风面积小、不易受破坏且能精确测量风速、风向的红外超声波感应仪,它能不间断地向风机控制系统提供可靠的风速、风向等气象数据。在保证设备合理采能及安全运行的同时还能收集台风信息,积累丰富的现场第一手资料为研究和防范台风做资料储备,也可设置智能偏航控制装置用以降低强风所增加的机组载荷。通常塑料制成的风杯式风速风向仪在台风中必定会损坏,应采用金属制成的风速风向仪。同时,为超声波风速风向仪选用强化的安装支架,确保台风过程中能向控制系统传递准确的风速、风向信号。风轮导流罩和机舱的天窗在台风中也易受损,特别是固定螺栓周围的连接面强度不够,应采取相应措施加强连接强度,以承受巨大的台风荷载。

9.2.2 海上风电机组抗台风控制策略

抗台风控制策略的要点包括手动进入"台风模式"和自动进入"台风模式"两项。

（1）手动进入"台风模式"。当接收到台风预报后,风电场中央监控室通过登录风机控制系统,通过人机交互界面操作,风机进入台风控制模式。

（2）自动进入"台风模式"。风电机组可以通过气象环境传感器测量风速大小来自动激活台风停机程序,该程序具有最高优先权,激活条件是瞬时风速达到30 m/s或10 s风速均值达到25 m/s时,风机自动停机,机组进入自我保护状态,其主要过程由以下几个部分组成:

（1）停机过程描述:风速过大—主控程序将触发风机的台风停机程序—变桨系统工作使叶片顺桨至90°—在叶片变桨和高速轴制动器作用下叶片停转—转子制动器和液压转子锁定装置激活—液压风轮锁定装置将风轮锁定在水平位置。

（2）偏航制动器动作:机组偏航制动器为失电制动设计,在台风(强风)状态下,机组与电网脱离,偏航制动器保持全压,以保护偏航传动机构及控制机组部件承受的惯性力。

（3）台风过后重启动:当台风风速降到应速度以下时,风机由台风停机状态切换到启动状态。

引入以人为中心的防台风控制策略,建立健全风机管理长效机制。依托安全性综合评价,联系本质安全体系,通过台风、大风天气风险预控为核心,持续的、全面的、全过程的、全员参加的、闭环式的风机管理活动,在生产过程中做到人员无失误、设备无故障、系统无缺陷、管理无漏洞,进而实现人员、机器设备、环境、管理的本质安全,使风机长效管理因果链绿色畅行。

以人为中心的管理长效机制为起始,人力资源是风电场最宝贵的资源,人力资源所具有的创造性和可持续利用性,是任何一种物质资源所无法比拟和替代的。一是作业人员精神状态、身体状况、知识与技能应符合风险预控要求;二是要求人员应遵章守纪,杜绝作业性违章、管理性违章、指挥性违章、装置性违章、违反劳动纪律;三是对外协工程、外委人员落实全过程、不间断监护管理;四是充分肯定并发挥运维人员在生产经营活动中的主体作用,运维人员的专业技术水平很大程度上对风机在极端气候条件下的控制及故障分析判断起着决定性的作用;五是着力培育员工的献身精神和忠诚度。

台风来临前,可提前对风机进行检查,重点检查风机机舱、轮毂及塔底各密封是否正常,特别检查塔底控制柜、机舱控制柜、变频器柜、轮毂控制柜、电池柜是否进水或受潮,经过检查确认并处理后,方可让风机迎接台风。台风过程中,时刻监视风机各项参数及各项振动数据,风速一旦超过额定风速,风机自动切出运行或手动切出,以保证风机安全。切出后,还要随时关注风机偏航情况,紧急情况下手动进行偏航,使风机能够安全渡过台风。

台风蕴藏的能量是巨大的,如何最大效能地利用其能量,如何规避其能量带来的风险,是值得海岛风电场及沿海风电场深层次研究的关键技术。只有不断地收集数据、不断地分析、不断地设计,才能真正转害为利。

10

海上风电技术展望

风力发电作为一种新兴的能源产生方式,仅次于水力发电,占世界可再生能源发电量的16%。由于其有着资源丰富、不受土地条件限制的特点,已经成为多个国家重点开发的领域。尤其是20世纪70年代石油危机以后,为了应对气候问题及寻找可替代的新的清洁能源,世界范围内掀起了风能利用的浪潮。在风力发电发展到一定规模时,陆上风电已经不能满足社会发展的需要,加之陆地风能利用所受到的一些限制,如占地面积大、噪声污染等问题,人们逐渐将目光放在了海上风能的开发利用。由于海上具有丰富的风能资源,无论是风况、可开发条件,还是噪声等问题都较陆上好,海洋将成为一个迅速发展的风电市场。欧美海上风电场已处于大规模开发的前夕。我国海岸线狭长、海域辽阔,海上风能资源十分丰富,可开发和利用的风能储量有7.5亿kW,占我国风能资源的75%。我国浅海海域面积辽阔,海上风电场距离电力负荷中心很近,为我国海上风电的发展提供了有利条件。我国应结合各海域的实际情况,根据我国的国情来制定合适的海上风电发展策略,同时因地制宜地发展海上风电也符合节能环保的时代要求。可以预测,国家迫切需要从海上获得更多的风能,我国的海上风力发电也将迎来高速发展的时代。随着海上风电技术不断取得进步,发展形势也不断发生变化,因此进行阶段性的总结与展望是必不可少的。海上风机群如图10-1所示。

图 10-1 海上风机群

10.1 海上风电技术发展预期

近年来,全球海上风电装机容量稳步提升,比较发达的丹麦、英国、德国等国家在能源、审批、财政等方面,出台了一整套政策体系支持海上风电发展。目前,世界上已经有10个国家具有海上装机,包括丹麦、英国、瑞典、德国、爱尔兰、荷兰、中国、日本和比利时等,2017年部分欧洲国家海上风电并网情况见表10-1所示。

全球海上风力发电市场主要分布在欧洲,占88%以上的市场规模,如图10-2所

表 10-1　2017 年部分欧洲国家海上风电并网情况

国　家	英　国	德　国	丹　麦	芬　兰	比利时	法　国
风电场数/个	10	8	3	2	2	1
并网风机台数/台	281	222	11	17	50	1
并网容量/MW	1 679	1 247	5	60	165	2

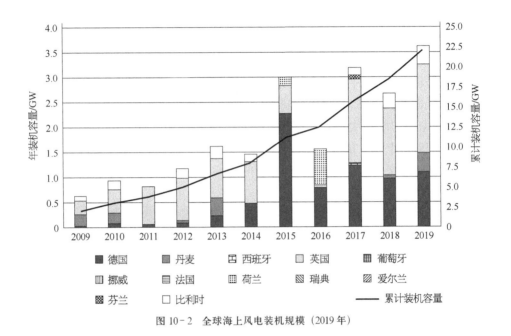

图 10-2　全球海上风电装机规模（2019 年）

示。全球海上风力发电装机容量排名前十的国家分别为英国、德国、丹麦、中国、比利时、荷兰、瑞典、日本、芬兰和爱尔兰。中国是欧洲之外最大的海上风电市场,占到全球总装机容量的 8.4% 左右。其他一些国家也制定了相应的海上风电发展目标。

根据欧洲风能协会的数据,2019 年上半年欧洲将新增风电装机容量为 49 GW,其中海上风电为 1.9 GW。2019 年上半年,欧洲对未来风力发电场的建设投资为 88 亿欧元,陆上风力发电场投资为 64 亿欧元,海上风力发电场投资为 24 亿欧元。这些投资将在未来 2～3 年内实现 590 万 kW 的装机容量和电网接入。

截至 2018 年,全球海上风电新增装机容量为 4 496 MW,其中亚太地区海上风电新增装机容量为 1 835 MW,欧洲地区海上风电新增装机容量为 2 661 MW。2018 年,全球海上风电累计装机容量为 23 140 MW,其中美洲地区海上风电累计装机容量为 30 MW,亚太地区海上风电累计装机容量为 4 832 MW,欧洲地区海上风电累计装机容量为 18 278 MW。未来 10 年,欧洲地区装机主要增长来源于逐渐成熟的海上风电板块。预计 2018—2027 年期间将新增并网超过 4 700 万 kW 的海上风电。其中,德国已经将海上风电作为重点开发利用对象并制定了相关计划:2015 年海上风电装机达到 300 万 kW,到 2020 年达到 1 500 万 kW,2030 年达到 3 000 万 kW。另外,美国

海上风电市场也在稳步增长，预计到 2027 年年底，美国海上风电装机容量将达到
1 000 万 kW。

结合当前最新的国外海上风电的发展现状并查阅相关文献，笔者对国外海上风电
技术的未来发展进行了展望，海上风力发电技术的发展将实现以下创新：

（1）随着海上风电机组的基座、塔筒和叶片等部件尺寸的增大，全新的运输和安装
系统即将出现，如超大型专业作业船投产、浮动式风电系统的研发成功、海上风电场的
建设效率提高、安装效率成本降低。

（2）6 MW 以上功率的海上风电机组成功研制投产。就目前看来，国外运行的海上
风电场单机容量已经增至兆瓦级，大容量风机的市场份额正逐渐加大；当下新型大功率
电力发电机正逐步取代小型发电机，单机容量大型化已经成为一种发展趋势，容量的不
断扩大更有利于海上风电建设。

（3）远海浮式海上风电机组系统的研发投产。与固定风电机组相比，浮式风电机组
可设置在水深超过 50 m 的海域（离岸 10 km 以上），这对于海上风能资源的开发利用具
有重要意义。从海上深度和经济性考虑，加速探索浮式远海风电场建设和应用也是将
来海上风电发展的关键技术。

（4）海上变电站和电缆等电力基础设施创新优化，如为海底电缆开发万向接头、开
发标准的变电站设计和布局方案等，以提高海上风电场的设备利用率，降低海上风电场
的成本。

（5）先进的传感器和大数据分析技术应用，开发全新的海上风电场控制系统，实现
实时监控风力变化、预测风力变化趋势，以及通过重定向涡轮尾流修改风电场的风力流
量等。

（6）为了更好地获取风能资源，海上风电建设应当从浅海向深海区域发展。根据数
据显示，2009 年，欧洲海上风电场的平均深度为 12.2 m，2011 年为 22.8 m，2015 年平
均深度已经达到了 27.2 m，说明海上风电场向深海发展是一种必然趋势。

10.2 我国海上风电技术发展分析

10.2.1 已有相关鼓励政策

为了满足未来海上风电发展的需要，我国近年来根据已开展了海上风电项目陆续
出台了一系列发展近海风电的激励政策和配套法律法规。2007 年，中国启动了国家能
源科技支撑计划建议在"十一五"期间组织实施大功率风电机组开发示范项目，开发 2～
3 MW 风电机组，建立海上风电场，形成海上风电技术。2009 年 1 月，国家发改委和国
家能源局在北京组织举办了沿海大型风电基地开发建设研讨会，正式启动中国沿海地
区海上风力发电规划。2016 年 12 月，国家能源局和国家海洋局联合发布《海上风电开
发建设管理办法》，该措施规范了近海风力发电的发展海上风电项目的规划、授权、海上
使用申请的审批海洋环境保护、工程立项、竣工验收及运营信息管理每个环节的程序和
要求，这意味着我们国家更加大型的海上风电开放即将到来。尤其是在能源局制定《风

电发展"十三五"规划》后,各地方政府也积极响应能源局号召,结合我国风场资源情况,制定了海上风电发展计划及相应的扶持方案。接下来将介绍一些国内关于海上风力发电行业发展的具体政策。

1) 国家发改委发布《中国风电发展路线图 2050》

国家发改委能源研究所与国际能源署(IEA)2014 年发布了《中国风电发展路线图2050》,设立了中国风电未来 40 年的发展目标:到 2020 年、2030 年和 2050 年风电装机容量将分别达到 2 亿 kW、4 亿 kW 和 10 亿 kW,在 2050 年风电将满足 17% 的国内电力需求。这些目标带来的是未来 40 年累计 12 万亿元的投资需求。在经济性方面,路线图预计到 2020 年前后,陆上风电成本将与煤电持平。

在陆上和海上风电的布局方面,路线图的规划是:2020 年前,以陆上风电为主,开展海上风电示范;2021—2030 年,陆上、近海风电并重发展,并开展远海风电示范;2031—2050 年,实现在东中西部陆上和近远海风电的全面发展。

在解决并网问题方面,制定和实施风电分级和跨省区消纳方案,协调风电、其他电源和电网建设与运行,推进和完成电力市场运行机制改革,这些均被路线图称作迫切需要开展的工作。

除了并网与消纳,未来 10 年中国风电行业的关键行动,还应包括制定落实可再生能源发电配额和电网保障性收购制度,完善行业管理和技术标准规范等。

2) 首部海上风力发电场国家标准将实施

2019 年以来,海上风电产业政策利好不断,企业投资建设海上风电的热情高涨。随着首部海上风力发电场国家标准出台,全行业将进一步完善制造设计体系、巩固优势,营造良好的发展空间。由中国能源建设集团广东省电力设计研究院有限公司主编的国家标准《海上风力发电场设计标准》(GB/T 51308—2019)正式出版发行,并于 2019 年10 月 1 日起实施。作为首部海上风力发电场国家标准,该标准达到了国际先进水平,并填补了我国海上风力发电场设计标准的空白。专家表示,这一国家标准的发布,将更好地指导我国海上风电场设计工作,对促进我国海上风电场工程设计规范化、标准化,充分发挥海上风电能效,保障海上风电安全运行,具有重要意义。

在相关标准和政策制定方面,目前无论是英国、德国、丹麦等传统市场,还是众多新兴市场,都制定了雄心勃勃的中远期规划,预示着未来一段时间全球海上风电装机规模将保持高速增长。随着技术进步,深远海域将得到充分开发,势必将进一步拓展海上风电发展空间。值得注意的是,2021 年前我国海上风电建设将形成一波"抢装潮"。2019年 5 月 24 日,国家发改委发布《关于完善风电上网电价政策的通知》,该通知明确对于2018 年年底前已核准的海上风电项目,必须在 2021 年年底之前建成并网,方可拿到0.85 元/(kW·h)的上网电价。

3) 各省市关于海上风电"十三五"规划布局

随着海上风电的发展和国家政策的明确,各地也积极布局海上风电。例如,2018 年4 月 23 日,广东省发改委发布《广东省海上风电发展规划(2017—2030 年)(修编)》,明确了广东省海上风电建设装机目标:到 2020 年年底,开工建设海上风电装机容量1 200 万 kW 以上,其中建成投产 200 万 kW 以上;到 2030 年年底,建成投产海上风电装机容量约 3 000 万 kW。其余省市,如浙江、福建、山东、上海、河北也对海上风电做出布局规划。各省市关于海上"十三五"规划布局情况见表 10-2。

表 10-2 各省市关于海上"十三五"规划布局情况

地区	累计并网容量/MW	开工规模/MW
天津	100	200
辽宁	—	100
河北	—	500
江苏	3 000	4 500
浙江	300	1 000
上海	300	400
福建	900	2 000
广东	300	1 000
海南	100	350

4) 国家关于海上风电政策汇总

2016 年 11 月,国家能源局正式印发《风电发展"十三五"规划》,提出:到 2020 年年底,风电累计并网装机容量确保达到 2.1 亿 kW 以上的总量目标,其中海上风电并网装机容量达到 500 万 kW 以上;在布局上,重点推动江苏、浙江、福建、广东等省的海上风电建设。

伴随着一系列规划的出台(表 10-3),我国海上风电发展规划逐步明确。

表 10-3 2009—2018 年中国关于海上风电发展政策规划汇总

时间	部门	政策规划	主要内容
2009.4	国家能源局	《海上风电场工程规划工作大纲》	进行海上风电规划工作、进行海上风电输电规划工作、进行项目预可行性研究工作
2010.4	国家能源局国家海洋局	《海上风电开发建设管理暂行办法》	规划海上风电发展规划、项目授予、项目核准、海域使用和海洋环境保护、施工竣工验收、运行信息管理等环节的管理
2010.10	国务院	《国务院关于加快培育和发展战略新兴产业的决定》	将海上风能开发装备纳入战略性新兴产业目录
2011.4	国家发改委	《产业调整指导目录》	首次将"海上风电机组技术开发与设备制造"和"海上风电场建设与设备制造"纳入鼓励类项目范畴

时间	部门	政策规划	主要内容
2011.7	国家能源局国家海洋局	《海上风电开发建设管理暂行办法实施细则》	进一步明确海上风电项目前期、项目核准、工程建设与运行管理等海上风电开发建设管理工作
2012.1	国家能源局	《风电发展"十二五"规划》	对海上风电做专门部署
2013.1	国家能源局	《可再生能源发展"十二五"规划》	对海上风电做专门部署
2013.1	国务院	《全国海洋经济发展"十二五"规划》	对海上风电做专门部署
2014.1	国家能源局	《国家能源局关于印发2014年能源工作指导意见的通知》	合理确定风电消纳范围,缓解弃风弃电问题,稳步发展海上风电
2014.4	上海市发改委	《上海市可再生能源和新能源发展专项资金扶持办法》	规定上海市海上风电项目每千瓦时电0.2元的补贴。这个补贴政策适用于上海市2013—2015年投产发电的项目,根据实际产生的电量对项目投资主体给予奖励,奖励时间为连续5年。单个项目年度奖励金额不超过5 000万元
2014.6	国家发改委	《国家发展改革委关于海上风电上网电价政策的通知》	明确规定了2017年以前投运的非招标海上风电项目,近海风电项目上网电价为0.85元/(kW·h),潮间带风电项目上网电价为0.75元/(kW·h)
2014.6	国务院办公厅	《能源发展战略行动计划(2014—2020年)》	明确提出按照输出与就地消纳利用并重、集中式与分布式发展并举的原则,大力发展可再生能源。到2020年非化石能源占一次能源消费比重达到15%。切实解决弃风、弃光问题。重点规划建设9个大型现代风电基地及配套送出工程。以南方和中东部地区为重点,大力发展分散式发电,稳步发展海上发电。到2020年风电装机达到2亿kW,风电与煤电上网价相当
2014.8	国家能源局	《海上风电开发建设方案(2014—2016)》	要充分认识做好海上风电工作的重要性,采取有效措施积极推进海上风电项目建设,不断提升产业竞争力,促进海上风电开发建设方案项目共44个,总容量10 530 MW。列入开发建设方案的项目视同列入核准计划,应在有效期内核准
2015.3	国家能源局	《关于做好2015年度风电并网消纳有关工作的通知》	做好风电市场消纳和有效利用工作,加快中东部和南方地区风电的开发建设
2015.9	国家能源局	《国家能源局关于海上风电项目进展有关情况的通报》	到2015年7月底,纳入海上风电开发建设方案的项目已建成投产2个,装机容量61 MW,核准在建9个,装机容量1 702 MW,核准6个,装机容量1 540 MW

时间	部门	政策规划	主要内容
2016.11	国家发改委、国家能源局	《电力发展"十三五"规划》	提出到 2020 年,非化石能源发电装机达到 7.7 亿 kW 左右,比 2015 年增加 2.5 亿 kW 左右,比 2015 年增加 2.5 亿 kW 左右,占比约 39%,提高 4 个百分点,发电量占比提高到 31%。"十三五"期间,风电新增投产 0.79 亿 kW 以上,太阳能发电新增投产 0.68 亿 kW 以上
2016.11	国家能源局	《风电发展"十三五"规划》	重点推进江苏、浙江、福建、广东等省的海上风电建设,到 2020 年四省海上风电开工建设规模均达到百万千瓦以上
2016.11	国务院	《"十三五"国家战略性新兴产业发展规划》	到 2020 年,核电、风电、太阳能、生物质能等占能源消费总量比重达到 8% 以上,产业产值规模超过 1.5 万亿元
2016.12	国家发改委	《国家发展改革委关于调整光伏发电陆上风电标杆上网电价的通知》	明确对非招标的海上风电项目,区分近海发电和潮间带风电两种类型确定上网电价。近海风电项目标杆上网电价为每千瓦时 0.85 元,潮间带风电项目标杆上网电价为每千瓦时 0.75 元
2016.12	国家海洋局、国家能源局	《海上风电开发建设管理办法》	省级及以下能源主管部门按照有关法律法规,依据国家能源局审定的海上风电项目。核准文件应及时对全社会公开并抄送国家能源局和同级海洋行政主管部门。未纳入海上风电项目,开发企业不得开展海上风电项目建设。鼓励海上风电项目采取连片规模化方式开发建设
2016.12	国家发改委	《可再生能源发展"十三五"规划》	积极稳妥推进海上风电开发,到 2020 年,开工建设 1 000 万 kW,确保建成 500 万 kW
2017.1	国家发改委、国家能源局	《能源发展"十三五"规划》	积极开发海上风电,推进低风速风机和海上风电技术进步
2017.2	国家发展改革委住房城乡建设部	《北部湾城市群发展规划》	"十三五"加快推动北部湾上和海上风电资源开发

5）国家"十三五"海上风电在建项目汇总

2016—2017 年,我国建成 3 个海上风电项目,共计 602 MW。2017 年国内海上风电项目招标 3.4 GW,较 2016 年同期增长了 81%,占全国招标量的 12.5%。2017—2018 年,我国核准海上风电项目 18 个,总计 5 367 MW;开工项目 14 个,总计 3 985 MW。其中,2017 年开工项目达到 2 385 MW,超过我国现有海上风电装机规模,标志我国海上风电投资进入加速阶段。国家"十三五"海上风电在建项目汇总见表 10 - 4。

表 10-4　国家"十三五"海上风电在建项目

项目名称	建设单位	核准时间	开工时间	项目规模	总投资/元	项目状态
鲁能江苏东台海上风电项目	江苏广恒新能源有限公司	2013.7	2016.4	200 MW	40 亿	建成
龙源江苏大丰(H12)海上风电项目	龙源大丰海上风力发电有限公司	2013.7	2017.3	200 MW	—	在建
国电舟山普陀 6 号海上风电场 2 区工程	国电电力浙江舟山海上风电开发有限公司	2013.12	2016.11	252 MW	45 亿	在建
乐亭菩提岛海上风电示范项目	河北建投海上风电有限公司	2014.12	2017.4	300 MW	56 亿	在建
华能如东八仙角海上风电项目	华能风电江苏分公司	2015.1	2016.4	302 MW	51 亿	建成
江苏龙源蒋沙湾海上风电场	江苏海上龙源风力发电有限公司	2015.6	2016.9	300 MW	53 亿	在建
中水电天津南港海上风电项目	中国水电建设集团新能源开发有限责任公司	2015.7	2016.11	90 MW	11.5 亿	在建
国华投资江苏分公司东台四期海上风电场项目	国华(江苏)风电有限公司	2015.7	2017.8	300 MW	—	在建
国家电投滨海北区 H2♯海上风电工程	国家电投集团江苏电力有限公司	2016.4	2016.7	400 MW	64 亿	在建
福建莆田平海湾海上风电场二期项目	福建中闽海上风电有限公司	2016.5	2016.12	264 MW	50 亿	在建
珠海桂山海上风电场示范项目	南方海上风电联合开发有限公司	2016.7	2016.9	120 MW	27 亿	在建
中广核福建平潭大练海上风电项目	中广核(福建)风力发电有限公司	2016.11	2017.2	300 MW	61 亿	在建
海装如东海上风电场工程项目	盛东如东海上风力发电有限责任公司	2016.11	—	300 MW	54 亿	核准待建
三峡新能源大连庄河海上风电项目	三峡新能源大连发电	2016.12	2017.3	300 MW	51 亿	在建
福建大唐国际平潭长江澳海上风电项目	福建大唐国际新能源有限公司	2016.12	2017.4	185 MW	36 亿	在建
福建福清海坛海峡 300 MW 海上风电场项目	华电(福建)风电有限公司	2016.12	2017.4	300 MW	67 亿	核准待建
福清兴化湾海上风电场一期	福清海峡发电有限责任公司	2017.3	2017.5	300 MW	18 亿	在建
三峡新能源江苏大丰海上风电项目	三峡新能源	2017.5	2017.6	300 MW	53 亿	在建

项目名称	建设单位	核准时间	开工时间	项目规模	总投资/元	项目状态
福建莆田平海湾海上风电场F区	福建省三川海上风电有限公司	2017.12	—	200 MW	38亿	在建
福清兴化湾海上风电场二期项目	福清海峡发电有限责任公司	2017.12	—	280 MW	53.5亿	核准待建
中广核岱山4#风电场工程	中广核风电岱山海上风力发电有限公司	2017.12	—	300 MW	40亿	核准待建
华电玉环300 MW海上风电项目	华电福新能源股份有限公司	2017.12	—	400 MW	50.57	核准待建
三峡广东汕头南澳洋东海上风电项目	三峡集团	2018.1	—	300 MW	—	核准待建
漳浦六鳌海上风电场D区项目	漳浦海峡发电有限公司	2018.4	—	402 MW	92.6亿	核准待建
粤电珠海金湾海上风电项目	粤电集团	2018.5	—	300 MW	56.7亿	核准待建

10.2.2 面临的问题与机遇

10.2.2.1 主要问题

我国海上风力发电市场具有很大发展空间，而我国对风电这种新能源的需求与日俱增，那么海上风电的发展应当从我国国情出发，从国家层面加大勘测、技术研发、财政、政策等方面的投入，顺应时代潮流。但是，目前我们的海上风力发电规模还比较小，与国外大型风电场相比还有较大差距。这既有技术的因素，也有经济的因素。分析影响我国海上风电发展的主要因素，可以归纳为如下几点。

1）海上发电的经济效益问题

海上风电居高的成本是影响我国海上风电项目进展缓慢的重要原因之一。尽管大家都承认风力发电对环境和资源保护的社会效益，但每个风电企业还是要考虑自身的经济效益。就目前情况看，风力发电的成本一般会高于水电、火电或油气发电，海上风电的造价也可能高于陆地风电。另外，当并入陆地电网时，需要铺设长距离的海底电缆，而这些电缆的材料和铺设费用远高于陆地电缆。这些因素都会影响风力发电的推广和利用。目前，除了通过科技创新和国产化措施降低设备和材料费用外，仍需要政府给予一定的政策扶持以保证其健康发展。

同时，在风电场营运期间，海上风电场的设备维修保养难度也高于陆上，维修费用也由陆上的5%提高到8%。加之我国海上风机缺乏长期的运行经验，一旦频发故障，将极大地增加维修成本。

2）并网供电存在难度

在分析海上风电的特点时，已经提到并网面临的制约因素。与陆上风电场相比，海上风电场的安装、建设及电力输送成本高，难度大。当前，我国电网结构相对薄弱，建设进度远落后于风电装机速度，电网建设与风电规模化发展的不协调，海上风电的并网难度通常高于陆上风电。另外，大规模风电并网会给系统带来电压波动、电压闪变、谐波等电能质量问题，还会降低系统的稳定性、安全性。特别是网架结构比较薄弱的电网集中并入大规模风电时，系统的安全稳定运行将受到影响，这成为影响海上风电发展的主要障碍。例如，海上油气生产要求连续的供电，单独依靠风力发电是无法实现的，而要并入平台现有的电网，就要考虑这种不平稳的电源对电网的冲击，从而限制了海上风电并网的规模。就目前看来，多种输电技术、多种并网结构共存成为未来风力发电的趋势。此外，分频风力发电系统已成为海上风力发电系统研究的一个潮流，具有更经济、可靠的优势，这也为海上风电的发展提供了一个新的方向。

3）海上风电机组结构设计标准问题

设计标准是在保证安全的前提下实现结构优化的基础。迄今为止，国际上特别是一些欧洲国家在海上风电结构设计上已经形成了较为成熟的标准和规范。近年来，我国也进行了大量的研究工作，但与国外相比，我国在风电机组基础结构设计中仍存在一些问题，如其内容包含岩土工程、港口工程设计、结构设计、港口水文计算、海洋波况统计、风电机组承载计算等众多领域的专业知识，很难进行集中把控。海上风电机组基础结构设计与我国海上风电产业的持续稳定发展密切相关，无论是现有的还是新的结构形式都必须将节约成本作为第一设计要素。在结构设计过程中，可以合理借鉴国外尤其是欧洲发达国家的经验，从而选择符合我国国情的结构设计标准。

4）海上风电机组基础结构优化问题

海上风电与陆地风电相比，最主要的区别是基础结构。与陆上风机不同，海上风机结构基础处在海洋环境中，不但要承受结构自重、风荷载，还要承受波浪、海流等作用；另外，根据国外相关数据，风机基础成本大约占风电场建设成本的1/3。在这种情况下，必须选出最合理的结构形式来满足安全性和经济性要求。为了保证海上风机的安全，必须有稳定的基础，但为了满足经济性要求，其基础结构应尽可能地优化。风电基础结构的优化包括结构设计优化和施工方案的优化，也就是说，优化不仅要节省结构材料费用，还应尽量降低施工的费用，目前浅海中的海上风电结构基础形式如图10-3所示。

不管是重力式、单桩式基础，还是导管架式的多桩基础，都有一定的适用范围，在上述基础形式中，重力式基础主要是利用其重量使风机保持垂直状态，结构较为简单且采用的是钢筋混凝土的沉箱结构，因此成本不高；但其风机重量大，运输困难且需要对海床进行预处理，故一般适用于海底土质较好的海域，目前国内很少使用。而单桩式基础由于其生产工艺简单、安装成本较低的特点，目前在已建成的海上风电场中得到广泛应用；但桩径受施工设备的限制不可能做得很大，随着水深的增加和风机规模的加大，根据承载力和刚度要求可能需要考虑增加桩的数量，如三脚架式基础、四腿导管架式基础等。不管是单桩，还是多桩，都要规避海底下有岩层导致的无法打入风险。海上风电场建设过程中所能用到的基础结构类型有很多，且各有优缺点。在这种情况下我们需要充分结合具体海域情况、气候环境及建设成本等多方面因素综合考量，来做好海上风

海上风力发电技术

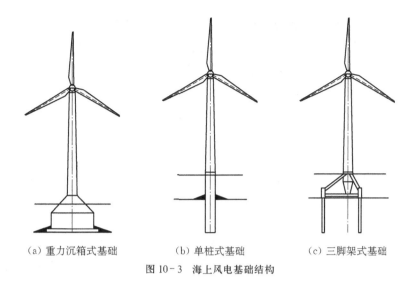

(a) 重力沉箱式基础　　　　(b) 单桩式基础　　　　(c) 三脚架式基础

图 10-3　海上风电基础结构

电基础结构选型工作,并在此基础上结合具体选型采取适宜的施工技术与工艺,从而在有效地保证海上风电建设质量情况下提升其社会和经济效益。

5) 海上风电场建设问题

海上风机在设计建造上需要考虑冰冻、台风、腐蚀等特殊的海上环境因素的影响,基础设施建设和风机安装过程远比陆上复杂、技术难度大。目前,施工和安装能力还不能完全满足海上风电高速发展的需要,海上平台自航能力还需提升,深远海施工在技术装备和施工经验方面与世界先进水平还存在差距。加上我国海上风电发展起步较晚,与欧洲发达国家相比在技术上仍有不足。技术上的落后在某种程度上也加大了海上风电场建设的成本,根据相关统计,海上基础施工费用一般会占到风电场总投资的 24% 左右,较陆上高出了 10% 以上。

6) 海上风电场运维问题

海上风电机组的可靠性、易维护性是决定海上风电场运行成败的关键因素。一般而言,海上风电场的运营期在 20 年以上,在此期间,海上风电机组的运营维护也是一大难点。维护人员必须采用特定的交通工具,根据本海域的特点选的特定的时间来进行维护工作,加之我国风电机组缺乏长期运营的经验,因此一旦风电机组出现故障,将会大大增加投资成本。

10.2.2.2　未来的机遇

我国海上风力资源十分丰富,开发海上风力资源具有重要的现实意义。我国风力发电装机容量已稳居世界第一,但 2017 年海上风电装机容量为 2.788 GW,仅占总风电装机容量的 1.48%。因此海上风电的开发利用将是风电未来发展的一个趋势。在这种形势下,我国应当加强与欧洲发达国家海上风电方面的合作,引进欧洲海上风电技术、管理、投资,加快我国海上风电发展的步伐。根据中国风能协会(CWEA)的统计数据,2018 年我国海上风电新增装机 166 万 kW,同比增长 43.1%,累计装机达到 445 万 kW。我国海上风电发展速度全球领先,但海上风电在我国风电市场中所占比重较小,与欧洲发达国家相差较大。

根据我国风电发展数据预测，到 2020 年年底，我国风电累计并网装机容量将达到 2.1 亿 kW 以上，其中海上风电累计并网装机容量确保达到 500 万 kW 以上；风电年发电量确保达到 4 200 亿 kW·h，约占全国总发电量的 6%。2020—2025 年期间，随着施工技术成熟、建设规模扩大化、施工船机专业化，海上风电的施工成本也将大幅降低，海上风电进入快速发展时期。2025—2035 年期间，我国海上风电将逐渐向深海区域发展，并具有一定规模，海上风电技术力争达到世界一流水平。

综上所述，海上风力发电的研究、开发和利用已经成为世界性的话题。海上风电场的建设作为一项极具潜力的新能源工程，对于应对环境问题和能源危机具有重要意义。欧洲海上风电在装机容量、技术、设备、经营、成本上，全面居世界领先水平。相比欧洲而言，我国的海上风电起步比较晚，在技术方面与世界一流水平还有一些差距，因此我国海上风力发电的发展不仅需要国家政策的大力扶持，还需要科研人员的奉献，从而为我国的社会建设提供有力的支持。在海上风电开发利用成为一种时代潮流的背景下，其必将得到更深入的发展，海上风力发电技术的研究发展任重而道远。

参考文献

［1］ 王志新. 海上风力发电技术［M］. 北京：机械工业出版社，2012.

［2］ 姚中原. 我国海上风电发展现状研究［J］. 中国电力企业管理，2019(22)：24-28.

［3］ 董元元. 浅谈海上风电发展趋势［J］. 现代营销(信息版)，2019(10)：73-75.

［4］ 罗承先. 世界海上风力发电现状［J］. 中外能源，2019,24(2)：22-27.

［5］ 张海锋. 海上风力发电技术及研究［J］. 资源节约与环保，2017(6)：15-16.

［6］ 张婷. 我国海上风电发展制约性因素分析［C］//中国农业机械工业协会风能设备分会2013年度论文集(上). 2013.

［7］ 张育超，徐鹏程. 海上风电现状及发展趋势研究［J］. 山东工业技术，2017(16)：228-230.

［8］ Olimpo Anaya-Lara, avid Campos-Gaona, Edgar Moreno-Goytia, et al. 海上风力发电：控制、保护与并网［M］. 北京：机械工业出版社，2017.

［9］ Tony Burton, Nick Jenkins, David Sharpe, et al. 风能技术［M］. 武鑫，译. 北京：科学出版社，2014.

［10］ 黄子果. 海上风电机组机型发展的技术路线对比［J］. 中外能源，2019,24(8)：29-35.

［11］ 徐进，韦古强，等. 江苏如东海上风电场并网方式及经济性分析［J］. 高电压技术，2017(1)：74-81.

［12］ 蔡梅园，陶友传，刘静，等. 双馈风电机组与永磁直驱机组对比分析［J］. 风能，2016(1)：74-77.

［13］ 葛川，何炎平，叶宇，等. 海上风电场的发展、构成和基础形式［J］. 中国海洋平台，2008(6)：31-35.

［14］ 杜鹏飞. 3MW单桩式风电机塔架结构设计［D］. 上海：上海交通大学，2010.

［15］ 李志鹏，龚天明，李广，等. MW级高速永磁风力发电机高温短路时永磁体失磁研究［J］. 电机与控制应用，2013(4)：22-27.

［16］ 兰忠成. 中国风能资源的地理分布及风电开发利用初步评价［D］. 兰州：兰州大学，2015.

［17］ 姜惠兰，周陶，等. 提高DFIG低电压穿越性能的转子Crowbar自适应切除控制方法［J］. 电力自动化设备，2018(9)：93-98.

［18］ 袁兆祥，仇卫东，齐立忠. 大型海上风电场并网接入方案研究［J］. 电力建设，2015,36(4)：123-128.

［19］ 李峰. 面向高密集度海上和陆上风电接入的区域电网规划模型与方法研究［D］. 广州：华南理工大学，2017.

［20］ 张衡. 浅谈大规模风电接入对电力系统的影响［J］. 宁夏电力，2011(6)：51-56.

[21] 宋艺航. 中国电力资源跨区域优化配置模型研究[D]. 保定：华北电力大学，2014.

[22] 和萍. 大规模风电接入对电力系统稳定性影响及控制措施研究[D]. 广州：华南理工大学，2014.

[23] 白勇，王玮，张金接. 海上风力机安装技术[C]//第二届全国海洋能学术研讨会论文集. 2009.

[24] Martin Junginger，Andre Faaij，Wim C Turkenburg，等. 海上风电场降低成本前景分析[J]. 上海电力，2007，20(4)：429 - 437.

[25] 黄维平，刘建军，赵战华. 海上风电基础结构研究现状及发展趋势[J]. 海洋工程，2009，27(2)：130 - 134.

[26] 吴志良，王凤武. 海上风电场风机基础型式及计算方法[J]. 水运工程，2008(10)：249 - 258.

[27] 王迪，卢晓燕. 海上风电机组控制系统研究[J]. 电气应用，2012，31(9)：54 - 57.

[28] 王伟. 海上风电机组地基基础设计理论与工程应用[M]. 北京：中国建筑工业出版社，2014.

[29] 张青海，李陕峰，王书稳. 海上风电导管架群桩施工技术的研究应用[J]. 南方能源建设，2018(2)：126 - 132.

[30] 尚景宏，罗锐，张亮. 海上风电基础结构选型与施工工艺[J]. 应用科技，2009，36(9)：6 - 10.

[31] 孙文，刘超，张平，等. 国内外海上风电机组基础结构设计标准浅析[J]. 海洋工程，2014，32(6)：128 - 136.

[32] Marie R，Renaud R. Offshore wind energy Technologies and development challenges [R]. Quebec：PESCA Environment，2008.

[33] 莫为泽，冯宾春，邓杰. 海上风电场机组安装概述[J]. 水利水电技术，2009，40(9)：4 - 7.

[34] 赵振宙，郑源，陈星莺. 海上风电机组主要机械故障机理研究[J]. 水利水电技术，2009，40(9)：32 - 34.

[35] 方涛，黄维学. 大型海上风电机组的运输、安装和维护的研究[C]//中国农业机械工业协会风能设备分会2013年度论文集(上). 2013.

[36] 张蓓文，陆斌. 欧洲海上风电场建设[J]. 上海电力，2007，20(2)：129 - 135.

[37] 叶宇，何炎平. 海上风电机组构成、安装方式及典型安装船型[J]. 中国海洋平台，2008(5)：39 - 44.

[38] 江波. 海上风电场施工方法初探[J]. 太阳能，2007(4)：34 - 36.

[39] 何炎平，杨启，杜鹏飞，等. 海上风电机组运输、安装和维护船方案[J]. 2009，38(4)：136 - 139.

[40] 靳晶新，叶林，吴丹曼. 风能资源评估方法综述[J]. 电力建设，2017，38(4)：1 - 8.

[41] 姜波，刘富铀，汪小勇. 中国近海风能资源评估研究进展[J]. 高技术通讯，2016，26(9)：808 - 814.

[42] 中国环境报. 发达国家海上风电经验借鉴[J]. 中国环境科学，2014(9)：2258.

[43] 赵英杰，王正江. 天津沿海海上风电开发利用选址综合评估方法研究[J]. 绿色科技，2017(22)：117 - 118.

[44] 吴宗晃，钱政华，李明. 福建沿海风电场应对台风、大风灾害天气的安全管理[J]. 福建水力发电，2018(1)：69 - 73.

[45] 戎晓洪. 海上风电场防台风措施研究[J]. 南方能源建设，2016(S1)：77 - 81.

[46] 魏浩. 浅析海岛风电场应对台风措施[J]. 应用技术，2013(17)：229 - 230.

[47] 严圣标. 台风对风电场的危害及对策[J]. 能源与环境，2012(6)：43 - 44.

[48] 王景全，陈政清. 试析海上风机在强台风下叶片受损风险与对策—考察红海湾风电场的启示[J]. 中国工程科学，2010(11)：32 - 34.

[49] 王剑彬，孟鹏飞. 沿海风电场防台风设计与运维的几点思考[J]. 风能产业，2017(6)：10 - 12.

[50] 徐哲，余晓明，王敬利，等. 台风天气下的海上风电场运行保障措施[J]. 风能，2014(11)：80 - 83.

[51] 宋艺航. 中国电力资源跨区域优化配置模型研究[D]. 保定：华北电力大学，2014.

[52] 和萍. 大规模风电接入对电力系统稳定性影响及控制措施研究[D]. 广州：华南理工大学，2014.

[53] 闫健. 海上风电并网调度管理模式研究[D]. 哈尔滨：哈尔滨理工大学，2019.

[54] 黄珺仪. 可再生能源发电产业电价补贴机制研究[J]. 价格理论与实践，2016(2)：95-98.

[55] 刘光辉. 可再生能源发电对电力市场的影响研究[J]. 科技经济导刊，2017(24)：198.

[56] 杨昆，苟庆林，夏能弘. 考虑需求侧响应的风电并网系统旋转备用优化[J]. 水电能源科学，2019，37(4)：197-201.

[57] 王虹，蒋福佑. 中国风电并网现状、问题及管理策略研究[J]. 经济研究参考，2013(51)：52-58.

[58] 高长青. 海上风力发电机组可靠性问题研究[J]. 企业技术开发，2012，31(11)：91-92.

[59] 黄玲玲，符杨，郭晓明. 海上风电场集电系统可靠性评估[J]. 电网技术，2010(7)：170-174.

[60] 丁金鸿，谭家华. 近海风电专用安装船概述[J]. 中国海洋平台，2009，24(5)：6-16.

[61] 杜子荣，于常宝，黄维平. 海上单桩风力发电平台简化设计[J]. 中国造船，2007(zl1)：113-121.

[62] 中华人民共和国建设部，中华人民共和国国家质量监督检验检疫总局. 岩土工程勘察规范：GB 50021—2001[S]. 北京：中国建筑工业出版社，2009.

[63] 福建省住房和城乡建设厅. 岩土工程勘察安全规范：GB 50585—2010[S]. 北京：中国计划出版社，2010.

[64] 中华人民共和国建设部，中华人民共和国国家质量监督检验检疫总局. 钢结构设计标准规范：GB 50017—2017[S]. 北京：中国建筑工业出版社，2018.

[65] 中华人民共和国建设部，中华人民共和国国家质量监督检验检疫总局. 直齿轮和斜齿轮承载能力计算：GB/T 3480.5—2008[S]. 北京：中国质检出版社，2009.

[66] 中华人民共和国建设部. 建筑工程地质钻探技术标准：JGJ 87—92[S]. 北京：中国建筑工业出版社，2013.

[67] 中华人民共和国建设部. 建筑桩基技术规范：JGJ 94—2008[S]. 北京：中国建筑工业出版社，2008.

[68] 中华人民共和国交通部. 海港工程混凝土结构防腐蚀技术规范：JTJ 275—2000[S]. 北京：中国标准出版社，2001.